Handbuch

für die

feinwollige Schaafzucht.

Auf Befehl

des Königl. Preuß. Ministeriums des Innern

herausgegeben

von

A. Thaer,

Königlich Preußischem Staatsrathe ꝛc.

Berlin, 1811.

Im Verlage der Realschulbuchhandlung.

(Ladenpreis 18 Sgr.)

Anleitung

zu

dem Verfahren,

welches man,

sowohl bei der Einführung, als zur sicheren Erhaltung und fortschreitenden Verbesserung

einer

edlen oder veredelten Schäferei

zu beobachten hat.

Von

A. Thaer.

Vorbericht.

Es war von der Section der Gewerbs-Polizey im Ministerio des Innern schon vor zwei Jahren beschlossen worden, einen Unterricht über die Veredlung der Schaafzucht zu publiziren, indem solcher von einzelnen Landwirthen und in manchen Gegenden der Preußischen Monarchie allgemein gewünscht wurde, die älteren Schriften dieser Art aber nicht mehr zureichten. Mir war die Besorgung desselben aufgetragen. Verschiedene praktische Kenner der edlen Schaafzucht zeigten sich nach einander bereitwillig, diesen Unterricht niederzuschreiben, wurden aber sämmtlich an der Ausführung dieser Absicht verhindert. Wie ich die Anzeige von Herrn Tessiers auf Befehl des französischen Ministeriums des Innern in gleicher Absicht geschriebenem Werke las (vergl. Annalen des Ackerbaues, Oktober 1810, S. 458), glaubte ich, daß eine Uebersetzung desselben mit einigen Anmerkungen zureichend seyn würde. Wie ich es aber selbst durchgesehen hatte, fand ich, daß diese Schrift unserm Zwecke und Bedürfnissen doch nicht entspreche; ungeachtet sie an sich ein sehr schätzbares Werk ist, und Herr Witte sich deshalb durch die treffliche mit Anmerkungen und zweckmäßigen Kupfern begleitete Uebersetzung, deren erste Bogen ich bisher jedoch nur gesehen habe, sehr verdient macht. Ich entschloß mich also, diesen Unterricht oder dieses Handbuch der edlen Schaafzucht selbst zu schreiben.

Es ist zwar zu einem besonderen Abdrucke bestimmt. Indessen habe ich geglaubt, daß es den Lesern dieser Annalen nicht unangenehm seyn würde, wenn sie es hier erhielten, ohne es besonders kaufen zu dürfen.

Ich darf hoffen, daß es den gegenwärtigen Standpunkt unserer Kenntnisse über die Schaafzucht treu darstellet. Manche bisher streitige Gegenstände hätten vielleicht einer ausführlichern Auseinandersetzung der Gründe bedurft. Es wäre aber dem Zwecke entgegen gewesen, sich hier auf Controversen einzulassen, welche denjenigen, für die diese Schrift hauptsächlich bestimmt ist, doch nicht zur Entscheidung vorgelegt werden können. Auch habe ich nur das, was auf genaue und wiederholte Erfahrungen beruhend, mit Zuverläßigkeit angenommen werden kann, gesagt, und Ideen, die noch einer Bestätigung durch fernere Beobachtungen und Versuche bedürfen, kaum berührt. Beides findet einen desto angemessenern Platz in der Folge dieser Annalen, welche den Fortschritten und Berichtigungen unserer Kunst und Wissenschaft hauptsächlich gewidmet sind. Man wird mich durch Mittheilungen von Erfahrungen und Reflexionen über diesen wichtigen Zweig der Landwirthschaft besonders verpflichten; es sey nun, daß sie gewisse Meinungen bestätigen oder widerlegen. Dadurch allein können wir zu der Sicherheit und Bestimmtheit gelangen, die in unserem Fache möglich ist.

Insbesondere möchte ich diejenigen Schäferei-Besitzer, vorzüglich die in unserem Staate, welche Störe von völlig reiner Race liefern können, auffordern, die Geschichte ihrer Schäferei, und wie sie es mit der Fortpflanzung ihres reinen Stammes sowohl, als mit einer vielleicht zugleich betriebenen Kreuzung gehalten haben, uns mitzutheilen. Sollten sie mir Proben ihrer Wolle mitsenden wollen, so würde ich bitten, mir nicht bloß von den Theilen, welche R·, sondern auch welche F-, S- und K-Wolle tragen, eine Flocke zu senden; auch zugleich den Preis ihrer Störe und vielleicht ihrer Märzschaafe zu bestimmen, indem ich so häufig um Nachweisung derselben in mehreren Gegenden ersucht werde. Durch eine zuverlässige Kenntniß der vorhandenen edlen Schäfereien werden die Fortschritte der Veredlung, die für das National- und Privat-Einkommen von so hoher Wichtigkeit sind, sehr befördert werden. Mancher weiß jetzt noch nicht, wohin er sich zu wenden habe, und versäumt schwankend den rechten Zeitpunkt.

§. 1.

Einführung der spanischen Race in nördlichern Ländern.

Die Möglichkeit der Einführung der feinwolligen spanischen Schaafe oder der Merino-Race, auch in den nördlichsten europäischen Ländern, ist jetzt so außer allen Zweifel gesetzt und so allgemein anerkannt, daß es nur als eine überflüssige Ausdehnung dieser Schrift anzusehen wäre, wenn man die Beweise dafür wiederholen wollte. Sie finden sich am vollständigsten dargestellt in

Lasteyrie Geschichte der Einführung der spanischen feinwolligen Schaafe in die verschiedenen europäischen Länder, aus dem

Französischen übersetzt vom Herzog Friedrich von Hollstein Beck, zwei Theile, Leipzig 1803.

Die zu lange gehegte Meinung, als seyen die weiten Wanderungen dieser Schaafe in Spanien — Frühjahrs aus den südlicheren nach den nördlicheren Theilen und umgekehrt im Herbste — zur Erhaltung dieser Race in der höchsten Vollkommenheit ihrer Wolle unbedingt nothwendig, ist durch

Lasteyrie Abhandlung über das spanische Schaafvieh, über dessen Zucht, Wartung, Wanderungen und Schur u. s. w. aus dem Französischen übersetzt, Hamburg 1800

in Hinsicht auf Spanien selbst widerlegt, indem dieser Verfasser, welcher die spanischen Schaafheerden mehrere Jahre hindurch verfolgte, und über den ganzen Schäfereibetrieb die genauesten Erkundigungen einzog, versichert, daß man in Spanien selbst überzeugt sey, eben so vollkommene Wolle von stehenden Heerden zu erhalten, wenn man den Stamm von den ausgewähltesten Heerden nehme; daß dieses indessen selten geschehe, weil die ganze Verfassung des Landes für die wandernden Heerden weit mehr geeignet und vortheilhafter sey, so sehr sie auch dem Wohlstande der Nation im Ganzen nachtheilig wäre. Aber auch die in Deutschland gemachten längjährigen Erfahrungen lassen darüber keine Zweifel mehr zurück, indem die Feinheit des aus Spanien erhaltenen Urstammes sich bis zur zwanzigsten Generation auf keine Weise vermindert, sondern sich allem Anscheine nach verbessert hat; in solchen Heerden nämlich, wo man besondere Aufmerksamkeit auf die Auswahl der Individuen, die man zur Fortpflanzung des Hauptstammes wählte, gewandt hat, eben so wie dieses auch in den vorzüglichsten und durch die Feinheit ihrer Wolle ausgezeichnesten Heerden Spanien geschiehet. Ja, der Herr Graf von Schönburg = Roxburg hat durch seine Schäferei erwiesen, daß bei Schaafen, welche den größten Theil des Sommers in Horden gefuttert werden, die Feinheit der Wolle bis zur höchsten Stufe gebracht werden könne.

§. 2.

Vortheil dieser Einführung.

Eben so wenig wird es nöthig seyn, den hohen Vortheil auseinander zu setzen, welchen der betriebsame Landwirth von der Einführung dieser feinwolligen Race haben kann, wenn er die Sache mit Eifer und Verstand zu betreiben den Willen und das Vermögen hat. Sie werden sich aus der Folge von selbst ergeben. Hier verweise ich nur auf das einstimmige Zeugniß aller derer, welche in diesem Zweige der Landwirthschaft Fortschritte gemacht haben: jeder gesteht ein, daß kein anderer Zweig die darauf verwandte Mühe und Kapital so reichlich wie dieser belohnt habe. Wer hieran noch irgend einen Zweifel hätte, für den gäbe es nur ein Ueberzeugungsmittel, nämlich den Berliner und Breslauer Wollmarkt zu besuchen, und sich in den frohen Kreis der Wollverkäufer zu mengen.

Allein große Dinge erreicht man — wann der Zufall anders nicht mitspielt — nie mit kleinen Mitteln, und so ist auch diese Einführung der edlen Race oder die höhere Veredlung der Landschaafe nicht so leicht, wie sie manche dargestellt haben. Es kommt dabei nicht bloß auf den Willen und das Kapital an, sich einen edlen Stamm oder Zuchtstör anzuschaffen. Man muß sie auch gehörig auswählen, ernähren und behandeln können. Denn so groß die Vortheile dieser Race sind, so übertreiben es doch diejenigen, welche vorgeben, sie erfordere nicht sorgfältigere und reichere Verpflegung, wie unsere gewöhnliche Landrace. Die Merinos sind in manchem Betracht zärtlicher, den

Einwirkungen äußerer Schädlichkeiten mehr unterworfen und einer besseren Nahrung bedürftig. Die einmal bestehende Feinheit in der Wolle wird sich zwar auch bei der schlechtesten Verpflegung nicht vermindern, aber sie wird in der Quantität dann bei weitem mehr zurückschlagen, als die grobe Wolle, die Sache überhaupt aber nicht lange ausdauern, indem dieses Vieh verkümmern und aussterben wird, wo sich Landvieh noch immer hingehalten hätte. Der Schaden des Verlustes einer Heerde steht aber mit dem Werthe derselben in Verhältniß, und ist folglich bei einer edlen um so größer und empfindlicher. Man geht daher zu weit, wenn man, wie insbesondere einige neuere französische Schriftsteller thun, auf die Allgemeinheit dieser Einführung dringt, und die gänzliche Ausrottung anderer Schaafracen bezweckt. Es giebt wirthschaftliche Verhältnisse, es giebt Lokalitäten und Weiden, wo unser Landvieh, oder eine andere bessere, aber nicht ganz feinwollige Schaafart vortheilhafter erscheint. Für die Haideländer werden die Haidschnucken, für die Niederungen die Friesischen und Eyderstädtschen Marschschaafe, für die ärmeren Dreifelderwirthschaften, die keine besondere Abtriften für ihre Schaafe haben, und sich allein auf die Brach- und Stoppelhutung verlassen können, die Landschaafe, und für Gegenden, wo man grösseren Voreheil aus dem Fleische wie aus der Wolle zieht, diejenigen Racen bleiben, welche sich durch schnellere Vermehrung und durch stärkeren und früheren Fleisch- und Fettansatz vor den Merinos auszeichnen.

Daher ist dann auch die Besorglichkeit ungegründet, daß bei der allgemeinen Konkurrenz in der Schaafveredlung die gröbere Wolle sich zu sehr vermindern, und eben hierdurch mit der feinen Wolle zu einem fast gleichen Preise steigen werde, wodurch dann der Vortheil nach Verhältniß des angewandten Kapitals von dieser unter pari zu stehen kommen könne. Wäre auch der Vorzug der feinen Wolle nur konventionell oder nur auf das angenehmere Gefühl des feinen Tuches gegründet — was er doch nicht ist, indem sie immer ein haltbareres und dichteres Tuch giebt — so würde doch eine allgemeine Verbreitung der Merinorace und eine Vertilgung der andern nie zu besorgen seyn. Indessen wird ohne Zweifel der hohe Preis der feinen Wolle den Preis der mittel und groben Wolle in die Höhe ziehen.

Die jetzige Zeit sichert übrigens der feinen Wolle noch lange einen hohen Preis, indem die Schäfereien in Spanien sich auf keinen Fall schnell erholen werden. Zwar ist die ländliche Industrie allenthalben auf diesen Zweig gerichtet: in Frankreich wird er unter thätiger Mitwirkung der Regierung, von Landwirthen nicht nur, sondern auch durch Kapitalisten, die mit jenen auf eine besondere und vielleicht nachahmungswerthe Weise in Verbindung treten, mit großer Anstrengung betrieben. In den östreichischen Staaten verbreitet sich die reine Merinorace aus den vortrefflichen kaiserlichen und andern Schäfereien immer mehr. In Rußland und selbst im Herzogthum Warschau macht man beträchtliche Fortschritte. Nur England bleibt darin zurück, und bei allen Lobeserhebungen, welche einzelne Landwirthe aus den höheren Klassen davon gemacht haben, findet die überwiegende Mehrheit der verständigsten Farmers, daß die mannigfaltigen einländischen Racen, die mehr zum Fleisch- und Fettansatz geneigt sind, unter den meisten Verhältnissen für den Landwirth und für die Nation vortheilhafter seyn; weswegen auch eine große Quantität von kürzlich eingeführten auserlesenen Merinos — nach einer Nachricht 14,000 Stück — keine Abnehmer gefunden haben. Es würde also, nach wiederhergestellten Seefrieden, England ein sehr guter Markt für die feine Wolle des Kontinents bleigen, und vielleicht selbst für die Fabrikate aus selbiger.

§. 3.

Verschiedenheit der spanischen Racen.

Es giebt in Spanien zwei Hauptarten von Schaafen, die ganz feinen Merinos und die sehr grobwolligen Churros, deren Wolle weit gröber wie die unseres Landviehs, dabei aber doch sehr elastisch ist. Eine Mittelgattung, die wahrscheinlich aus der Vermischung jener beiden Arten entstanden ist, wird Amerinado genannt.

Aber auch die Merino-Art selbst hat mannigfaltige Abstufungen in ihrer Vollkommenheit. Die wandernden (Transhumantes), sind im Allgemeinen vorzüglicher, wie die an einem Orte bleibenden (Estantes), weil auf jene weit größere Aufmerksamkeit bei der Auswahl der Zuzucht gewandt wird, obgleich auch einige Estantes-Heerden von völlig reiner Race sind.

Die wandernden unterscheiden sich wieder hauptsächlich in die Leonesische oder Segovische Race und in die Sorianische. Die Leonesischen überwintern größtentheils in Estremadura auf dem linken Ufer der Guadiana, und gehen, nachdem sie auf ihrem Wege in den für sie bestimmten Schurhäuser,

Esquileos, geschoren worden; nach dem Königreiche Leon, wo sie sich auf den verschiedenen Weiden vertheilen. Die Sorianischen Heerden bringen den Winter an der Gränze von Estremadura, Andalusien und Neucastilien zu, gehen dann auf Madrid und vertheilen sich bei Soria zum Theil in den benachbarten Gebirgen, zum Theil gehen sie über den Ebro, um die Weiden von Navarra und den Pyrenäen zu benutzen.

Einstimmig erklärt man die Leonesischen Heerden für die vorzüglichsten, sowohl in Ansehung der Feinheit und Güte der Wolle, als in Ansehung des größeren Gewichts ihrer Fliese. Im Allgemeinen soll daher auch der Preis der Sorianischen Wolle um $\frac{1}{4}$ niedriger, wie der der Leonesischen stehen, ungeachtet die Eigenthümer jener immer Zuchtstöre von dieser zu erhalten suchen.

Unter den Leonesischen Heerden giebt es wieder Abstufungen. Doch war man darin noch nicht einstimmig, welcher der Vorzug gebühre, wie sich das, da jeder große Schäfereibesitzer der seinigen den Vorzug beimißt, leicht erklären läßt. Folgende werden für die Haupt- und vorzüglichsten Stämme gehalten:

die Heerde von Escurial;

" " " Paular;

die Heerde von Infantado;
" " " Negretti;
" " " Guadeloupe.

Einer schreibt man Vorzüge vor der andern in diesem oder jenem Stücke zu. Die Escurial Heerde ward für die feinwolligste gehalten; die Race von Paular ist von größerem Körperbau und wollreicher; die Widder der Infantado-Heerde haben eine ausgezeichnet krumme Nase, auf welcher die Haut zuweilen in Falten liegt, und unterscheiden sich durch einen großen faltigen Halskragen, sind häufiger hörnerlos wie die übrigen; die Race von Negretti soll die größte seyn. Jede dieser Hauptheerden, die aus 30 bis 40000 Stück bestehen, hat ihr eigenes Zeichen, welches nachzuahmen man für ein Verbrechen halten würde. So hat die Escurial-Heerde ein B, die Paular-Heerde auf dem rechten Kiefer zwei Querstriche, die Guadeloupe-Heerde ein Kreuz auf der Nase, und die von Infantado ein umgekehrtes ⊥ auf der Nase eingebrannt.

§. 4.

Eigenschaften der Merino-Race.

Die Merino-Race zeichnet sich durch einen besondern Körperbau aus. Das Charakteristische in Ansehung desselben scheint mir die starke Bauchung in der Mitte ihres Körpers zu seyn, wodurch dieser vorn und hinten spitzig zu seyn das Ansehn hat, ob sie gleich in Verhältniß ihrer Größe in den Vorder- und Hintertheilen eine ziemliche Breite haben. Aesthetisch schön sind deshalb diese Thiere gewiß nicht, obwohl sie jeder Landwirth in Rücksicht der Uebereinstimmung aller Theile zum Zwecke des Ganzen schön nennen wird. Der breite Mitteltheil ihres Körpers trägt die beste Wolle. Der Engländer, der auf das Fleisch den großen Werth setzt, erklärt sie wegen der verhältnißmäßig schwachen Vorder- und Hintertheile für häßlich geformt. Mit dieser Form aber scheint die Feinheit der Wolle in unzertrennlicher Verbindung zu stehen, und ich habe immer diese Thiere um so feinwolliger gefunden, je auffallender jene Bauchung war. Diese Race zeichnet sich noch durch ein besonders ruhiges Temperament, durch ein gewisses Phlegma aus. Jedoch ist sie nicht dreist, sondern furchtsam und dummer, wie andere Racen.

Die Böcke haben größtentheils Hörner von ausgezeichneter Größe, die vom Kopfe oft weit bis 20 Zoll abstehen, und in ihren Windungen gemessen bis 2 Fuß Länge haben. Doch sind die Hörner nicht allgemein, und kein wesentliches Zeichen eines besonderen Stammes. Es fallen von gehörnten Böcken ungehörnte und umgekehrt. Man will zwar bemerkt haben, daß wenn man fortdauernd sich ungehörnter Böcke bediene, die Hörner endlich in dem Stamme ganz wegfallen; jedoch ist dies noch nicht völlig ausgemacht. Es ist also bei diesem Thiere keinesweges wie bei dem Rindviehe der Fall, daß man nach der Art der Stärke und Form der Hörner die Race unterscheiden und auf ihre Abkunft schliessen könne.

Die Stirn ist erhaben, die Nase gebogen, der Kopf stark bewachsen, die Augen sind braun, schöngewölbt, mit einem frommen Blick, und, wie es mir scheint, immer beträchtlich größer als bei unsern Landschaasen; der Nacken ist breit, dickhäutig, und mit dichter kurzer, aber gröberer Wolle besetzt; der Rücken ist eben, der Bau des Körpers bei den Böcken mehr gedrungen, bei den Mutterschaafen länger gestreckt, das Gerippe ist nach Verhältniß grob, die Beine sind stark, zuweilen ziemlich kurz, zuweilen zu lang, die vordern sind bis an das Knie dick mit Wolle bedeckt, so daß die Oberbeine das Ansehn von wollenen Fischerhosen haben, unterhalb dem Knie sind sie glatt; die Hinterbeine sind dagegen oft, jedoch nicht immer, bis an die Klauen mit einer kurzen krausen

Wolle bedeckt, welches man zwar für einen Beweis von Vollwolligkeit hält, sich jedoch bei der feinsten Wolle nicht immer findet.

§. 5.

Beschaffenheit ihrer Wolle.

Das äußere Ansehn ihres Pelzes ist immer schmutzig aschgrau, oft schwarz. Dies rührt von der Fettigkeit ihrer Wolle her, der sich aller Staub anhängt. Hieran erkennt man die vorzüglichern in einer gemischten Heerde schon in der Ferne. Man sagt, daß einige Schaafzüchter, um ihre Heerde ins Auge fallend zu machen, diese schmutzige Farbe künstlich vermehrten. Wenn man aber diese Wolle mit den Fingern beider Hände auseinander spreizt, so erkennt man sogleich die Feinheit der Wolle von mehr gelblicher oder weißerer Farbe, die sanft und fettig anzufühlen, und auf der hochrothen Haut einen sehr angenehmen Anblick gewährt.

So wie man die auseinander gespreizte Wolle wieder fahren läßt, muß sie sich sogleich zusammenziehen, so daß man die Stelle nicht mehr bemerken könne, welche man auseinander gezogen hatte. Dies giebt einen Beweis von der Dichtheit der Wolle. Diese erkennt man auch leicht an der

Geschlos-

Geschlossenheit des Fließes, so daß die Wolle nicht schwappet, wenn sie gehen, oder beim Auffassen mit der vollen Hand. Jedoch ist es noch zweifelhaft, ob die Dichtheit und Geschlossenheit der Wolle mehr von dem Stamme abhängig und erblich sey, oder ob die Art der Weide und der Fütterung einen größern Einfluß darauf habe. Längere Wolle ist selten so geschlossen. Immer ist jedoch der Pelz der Merinos weit dichter, wie der unserer Landschaafe. Er läßt nicht leicht den Regen über zwei Linien eindringen, und nicht bis auf die Haut kommen, wenn die Wolle ziemlich herangewachsen ist.

Die feinste Wolle des Schaafes befindet sich an dem Rücken, auf dem Kreuze, an den beiden Seiten des Rumpfes und an den Seiten des Halses. Sie heißt in Spanien Refina, und wird mit R bezeichnet.

Die zweite Sorte wächst auf dem oberen Halse an der untern Seite des Bauches, und an dem oberen Theile der hintern Hosen. Sie heißt in Spanien Fina, und wird mit F bezeichnet.

Die dritte Sorte an den Schenkeln der Vorder- und Hinterfüße bis an die Knie, und am Kopfe vom Auge bis unter die Kehle. Sie heißt in Spanien Seconda oder Tercera, und wird mit S oder T bezeichnet.

Die vierte und schlechteste Sorte befindet sich vorn am Kopfe, an den Füßen unterhalb des Knies und am Schwanze. Sie heißt Kayda, und wird mit K bezeichnet.

Hierauf wird bei der Schur und Sortirung der Wolle Rücksicht genommen, wovon weiter unten, und dieser Unterschied ist allgemein, auch bei den feinsten Schaafen. Je mehr aber die Feinheit an den schlechteren Theilen aushält, je mehr sich die Fina der Refina, die Seconda der Fina nähert, um so vorzüglicher ist ohne Zweifel das Thier, und dieserhalb hat man bei der Auswahl der Störe auf die Wolle dieser Theile besonders Rücksicht zu nehmen.

Vor allen aber hat man bei der Untersuchung der Wolle auf dem Körper seine Aufmerksamkeit auf die Stichel-, Stachel- oder Hundehaare zu richten, die sich zuweilen auch in der feinsten Wolle finden, selbige aber in ihrem Werthe herabsetzen. Dies sind einzelne harte, glänzende und nicht gekräuselte Haare, welche, wie jedes Haar, an der Wurzel dicker oben spitz zulaufen, wogegen die eigentliche Wolle an der Spitze nicht feiner wie an der Wurzel ist. Nur bei schlechten Schaafen finden sie sich auch an den Theilen, wo die bessere Wolle sitzt; an dem unteren Theile der Schenkel, am Schwanze, an den Wurzeln der Hörner, und an den Geilen ist manches Schaaf und Widder nicht frei davon. Man hat bemerkt, daß sie sich vererben und vermehren, und man sucht daher so viel möglich solche Thiere zur Zuzucht aus, die gar keine Spur davon haben.

§. 6.

Einführung einer Merino-Schäferei.

Es giebt zwei verschiedene Wege zu einer feinen Merino-Schäferei zu gelangen. Der eine ist: durch Veredlung mit immer erneuerten Böcken von völlig reiner Abkunft; der zweite: die Anschaffung eines völlig reinen, von väterlicher und mütterlicher Seite aus der echten spanischen Merino-Race erzeugten Stammes. Nur der erste kann mit dem Namen Veredlung belegt werden, der andere heißt Einführung der reinen Race. Auf dem ersten wird man allmählig und langsam allerdings zu einem hohen Grade der Verfeinerung gelangen, aber wohl nie die höchste Vollkommenheit erreichen; durch die zweite läßt sich das höchste Ziel schnell erreichen, aber freilich nicht anders, als wenn man mit einem grosen Kostenaufwande die höchste Vorsicht verbindet. Wenige sind zu letzteren im Stande. Es giebt indessen ein Verfahren, wodurch man beide mit einander vereinigt, und, wenn gleich langsamer, doch mit nicht höheren Kosten als die Veredlung erfordert, seine Heerde in völlig edles Vieh umschafft. Wir wollen jede dieser Methoden für sich betrachten, und mit einander vergleichen.

§. 7.

Die Veredlung durch Kreuzung.

Es ist jetzt wohl außer allen Zweifel gesetzt, daß bei der Erzeugung das männliche und weibliche Geschlecht gleich viel beitragen, und daß im Allgemeinen das junge Thier zur Hälfte die Eigenschaften des Vaters, zur Hälfte die der Mutter besitze. Die Meinung, daß der eine Theil auf die äußere Gestalt, der andere auf die innere Konstitution mehr Einfluß habe, ist völlig ungegründet. Ich sage im Allgemeinen, denn es giebt Individuen, auf die sich nur die Qualitäten des Vaters oder der Mutter allein, oder doch im überwiegenden Grade zu vererben scheinen. Allein es werden in solchen Fällen jene Eigenschaften des einen Theils mehrentheils nur in diesem einen Abkömmlige verdunkelt, und kommen in dessen Nachkommen wieder, manchmal um so stärker, zum Vorschein, so daß z. B. ein Stör, der seinem Vater fast völlig gleich war, nun Lämmer erzeugt, die seiner Mutter wieder mehr gleichen. Ja zuweilen treten die mütterlichen Qualitäten erst in spätern Generationen, die von Bastarden dieser Art (bei den spanischen Schaafen nennt man sie Metis oder Mestizen erster Generation) entstehen, wieder hervor. Es findet daher nie Sicherheit statt, daß ein Stamm, dessen Vater und Mutter von verschiedenen Racen waren, sich in den Eigenschaften vollkommen erhalten werde, die er schon zu besitzen schien, und eine solche Bastardart ist daher bei keinem Thiere constant und gleichbleibend.

Wenn die erste Abkommenschaft eines feinen Störes und einer groben Mutter mit einem Störe der reinen edlen Art wieder begattet wird, so wird ein Lamm erzeugt, welches in der Regel doppelt so viel von der Natur des Vaters als der Mutter hat. Aber keineswegs allgemein, indem im Einzelnen die Qualitäten der Mutter sich über dieses Verhältniß und zuweilen stärker als bei der ersten Generation zeigen.

Bei der dritten Generation, die aus einer Mutter von der zweiten und einem Störe der reinen

Merinoart erfolgt, verhält sich die väterliche Natur zur mütterlichen wie 3 zu 1.

Und so ferner bei der vierten wie 4 zu 1, bei der fünften wie 5 zu 1, bei der sechsten wie 6 zu 1.

In dieser Progression wird die Verfeinerung der Wolle nach allgemeinen Beobachtungen wirklich fortschreiten, und nach derselben werden auch Kenner den Preis derselben bestimmen; jedoch, wie ich nochmals wiederhole, unter Voraussetzung völlig edler Böcke.

Man hat aber diese Progression der Veredlung oder diesen Uebergang zur väterlichen Natur bisher in verschiedenen Schriften weit schneller angenommen; indem man folgendes Prinzip aufstellte.

Ein feiner Bock A erzeugt mit der groben Mutter B

erste Generation, ein Schaaf C halb fein.

Der Bock A erzeugt mit dem Schaafe C

zweite Generation, ein Schaaf D $\frac{3}{4}$ fein.

Der Bock A erzeugt mit dem Schaafe D

dritte Generation, ein Schaaf E $\frac{7}{8}$ fein.

Der Bock A erzeugt mit dem Schaafe E

vierte Generation, ein Schaaf F $\frac{15}{16}$ fein.

Der Bock A erzeugt mit dem Schaafe F
fünfte Generation, ein Schaaf G $\frac{31}{32}$ fein.

Der Bock A erzeugt mit dem Schaafe G
sechste Generation, ein Schaaf H $\frac{63}{64}$ fein. u. s. f.

In dieser sechsten Generation müßte also die mütterliche Abstammung den Sinnen ganz unbemerklich seyn. Dies aber hat genaue Beobachtung nicht bestätigt, und ein scharfes Auge, ja sogar das Gefühl, kann die Wolle der reinen superfeinen Merino-Race von der in der sechsten und noch spätern Generation mehrentheils unterscheiden. Auch wird sie der erfahrne Wollhändler nicht nach dem letzten, wohl aber nach dem ersten Verhältnisse schätzen und bezahlen. Einige Individuen giebt es freilich schon in der vierten Generation, bei denen die mütterliche Natur ganz verdunkelt ist, und deren Wolle man von der väterlichen nicht unterscheiden kann; allein es sind Ausnahmen. Und was wohl zu bemerken ist, diese Verfeinerung bleibt in der fernern Descendenz nicht constant, sondern es kommt der mütterliche Antheil wieder zum Vorschein, wenn man nur Böcke aus dieser Generation, und nicht völlig reinen Geschlechts gebraucht.

Durch die Hoffnung einer so schnellen vollkommenen Veredlung haben sich manche verleiten lassen, diese Methode der Veredlung der Einführung einer reinen Race vorzuziehen, weil sie solche dem Anscheine nach minder kostbar und sicherer hielten. Hierdurch ist auf der einen Seite gewonnen worden, indem manche, denen jene Einführung der reinen Race zu schwierig würde geschienen haben, sich dennoch zur Veredlung entschlossen, dadurch den Werth ihrer Wolle beträchtlich erhöheten, und sich einen Schaafstamm verschafften, der vorerst alle ihre Wünsche befriedigte. Auf der andern Seite hat es aber auch dem Fortgange der Sache sehr geschadet, indem viele sich überzeugt hielten, bei der fünften oder sechsten Generation das non plus ultra erreicht zu haben, und daß sie nun auch keiner Böcke von reiner Abstammung mehr bedürften. Viele begnügten sich bei dem Anfange und Fortgange ihrer Veredlung sogar Mestiz-Böcke von der vierten Generation anzuschaffen, die sie vielleicht um ein geringes wohlfeiler, wie ganz reine, bezahlten; oft nur bequemer erhalten konnten. Ja es zogen sogar manche, die sich von der mehreren oder minderen Feinheit der Wolle noch keine scharfe Ansicht erworben hatten, Metis-Böcke ihrer Statur wegen, den schwächeren und unansehnlicheren Merinos vor. Und endlich ward, zum Theil auch wegen des Vorurtheils, daß man Verwandtschaft bei der Begattung vermeiden müsse, die Reinerhaltung der Merino-Race, selbst da, wo man reine Stammütter hatte, vernachläßigt. Man hielt diese reinen Mütter bei weitem nicht so in Ehren, wie sie es verdienten, suchte sie nicht so lange zu erhalten und so viele Lämmer von ihnen zu bekommen, wie möglich war, sondern merzte sie oft in demselben Alter aus, wo man die Landschaafe abzuschaffen gewohnt war, ungeachtet jene Race ein höheres Alter erreichen, und länger fruchtbar bleiben kann. Einige verfielen sogar darauf, den Körperbau dieser Racė verbessern und vergrößern zu wollen, indem sie Blut von großen Schaafen einmischten, z. B. eine Merino-Mutter mit einem großen Bock anderer Art begatteten, und von jener nun ein Bocklamm aufzogen.

Durch diese Fehlgriffe ist die allgemeinere Verbreitung der Veredlung selbst nicht nur aufgehalten worden, sondern es ist auch die reine Race in manchen Schäfereien, die sich mit echten Merinomüttern versahen, wirklich ausgegangen. Man hat es für eine unnöthige Aufmerksamkeit gehalten, die reine Race bei der Begattung zu separiren, und hat Bocklämmer mehr nach ihrer äußern Ansicht, als nach ihrer Abstammung zur Zucht ausgewählt.

Es giebt daher nicht viele Schäfereien, aus welchen man reine Merinoböcke zu erhalten, sicher seyn kann. Ohne diese aber kommt die Veredlung erst in Stillstand, nachher in Abnahme. So sehr in den ersten Generationen die Eigenschaften des Vaters hervorstechend scheinen, so gewiß kommen in den folgenden die des urmütterlichen Stammes wieder zum Vorschein, wenn sie nicht fortdauernd von reinen Vätern unterdrückt werden.

Sowohl in Frankreich wie in Deutschland haben gerade diejenigen, welche die Einführung der spanischen Race mit dem größten Eifer betrieben, und sich in der That ein unsterbliches Verdienst dadurch erwarben, zu dieser Sorglosigkeit und Leichtsinn Veranlassung gegeben, indem sie ihren Zweck, — die schnelle und allgemeine Verbreitung — zu lebhaft befördern wollten. Dort waren es d'Aubanton und Gilbert, hier Stumpf und Fink, welche den vollkommenen Uebergang in eine constante reine Race durch die Kreuzung predigten. Allerdings war es zu Anfange verzeihlich, indem die Verbesserung der Wolle bis auf einen gewissen Grad dadurch schneller verbreitet werden konnte, und es hätte nichts geschadet, sondern allerdings Vortheil gebracht, wenn man nur zugleich einen reinen Stamm zur Aufzucht der Zuchtböcke beibehalten hätte. Fink in Kösitz und Petersberg hat es nach der Versicherung derer, die seine Wirthschaft aus eigner Ansicht genau kennen, allerdings gethan, und einen Theil seiner Heerde aus ursprünglich reinen Müttern, die er in sehr räudigem Zustande aus der Stolpeschen Thiergarten-Schäferei sich zu verschaffen wußte, rein erhalten; sich auch in der Folge nur der hiervon abstammenden Böcke selbst bedient. Der größte Theil der Böcke aber, welche er verkaufte, waren Mestizen, jedoch von alter Generation, und viele andere, die von ihm solche Böcke genommen und damit bis zur vierten Generation gekreuzt hatten, verkauften wieder Zuchtböcke. Und so sind viele veredelte Schäfereien in der Veredlung nicht so vorwärts gekommen, wie es diejenigen, die ganz reine Böcke erhielten, thaten. Fast nur da, wo der Staat die aus Spanien erhaltenen reinen leonesischen Merinos nicht sogleich vertheilte, sondern eine reine Stammschäferei davon anlegte: in Frankreich, Sachsen und Oestreich hat sich ein zuverlässig reiner Stamm erhalten, und es ist selbst die Durchkreuzung durch die Böcke von dieser reinen Abkunft von größerer

Wirkung auf die Veredlung der Wolle im Lande gewesen. Da hier dann auch mehrere Privatpersonen Gelegenheit hatten, sich Mütter von reiner Abkunft aus diesen landesherrlichen Stammschäfereien zu verschaffen, so entstanden mehrere völlig edle Heerden, und verbreiteten sich durch die Abkömmlinge immer weiter, zumal wo der Preis, wie im östreichischen so erstaunlich hoch stieg, daß ein jeder die höchste Aufmerksamkeit auf die möglich längste Erhaltung dieser Thiere und die Hervorbringung von vielen Lämmern wandte. Dasselbe hat man leider nicht erreicht, wo man die aus Spanien geholten Schaafe sogleich vertheilte, und wo in den Privatschäfereien nur von wenigen für die Reinerhaltung des Stammes von mütterlicher Seite aufmerksam genug gesorgt wurde. Jedoch giebt es in allen Provinzen unseres Staates, in den Marken, in Schlesien, in Preußen einige Schäfereien, welche man als völlig rein betrachten kann, zum Theil von reinen sächsischen Heerden von ursprünglichen Spaniern abstammen.

Durch das hier Gesagte soll keinesweges der Werth der Veredlung herabgesetzt werden. Er bleibt immer groß, und unter individuellen Verhältnissen das zweckmäßigste. Allein zu einer sichern Stammschäferei kann man sich dadurch nicht erheben, und man muß nicht aufhören sich mit neuen Böcken, wo möglich reiner Abkunft zu versorgen. Man kann seine Wolle, besonders wenn man sie sortirt, und gröbere dazwischen fallende Pelze ausschießt, der reinen leonesischen Merinowolle nahe bringen; allein auf eigene Bockanzucht sollte man billig Verzicht leisten, und sie Schäfereien von völlig reiner Abkunft überlassen. Grobwollige Schaafe können allerdings auch durch Mestizböcke von einem höheren Veredlungsgrade auffallend verfeinert werden, aber es geht dann langsamer, unsicherer, und nur unter der Bedingung, daß man die auf die mütterliche Natur zurückschlagenden Individuen sorgfältig ausmerze; wogegen man bei reinen Stammböcken auf sicherern Fortgang dreist rechnen kann, und in der Auswahl der Mütter nicht so ängstlich zu seyn braucht.

Daß die höchste und ausdauernde Vollkommenheit durch Veredlung nie erreicht werden kann, beweiset der Unterschied der leonesischen und sorianischen Heerden in Spanien. Denn ungeachtet diese von jenen immer Störe kaufen, so steht doch der Preis der Wolle der letzteren, bei übrigens gleicher Behandlung, um $\frac{1}{4}$ geringer als der ersten (vergl. Tessier, S. 26.)

Ueber die Verschiedenheit der Spanischen Merino-Heerden findet man in Poiferé de Ceré Abhandlung, Annalen des Ackerbaues, X. 641., die meiste Aufklärung.

Die Veredlung der Wolle mittelst der Kreuzung macht um so schnellere Fortschritte, je feiner und elastischer die Wolle der Urmutter an sich war. Zwar nähert sich auch das grobwollige Schaaf jeder Race allmählig durch immer erneuerte reine Durchkreuzung in seiner Descendenz der Merino-Race nicht bloß in seiner Wolle, sondern auch in seinem Körperbau. Denn dieser Körperbau scheint unzertrennlich mit der Feinheit der Wolle verbunden zu seyn, und alle Versuche, auf einen größern und anders geformten Körper die feine elastische Wolle zu verpflanzen, sind vergeblich gewesen. Man hat folglich bei der Auswahl der zur Veredlung bestimmten Race und Individuen nur auf die Feinheit der Wolle, ungefleckte Farbe derselben, Festigkeit in der Haut — denn alle Schaafe, welche ihre Wolle abwerfen, sind durchaus zu vermeiden — und Gesundheit, weniger auf die Größe ihrer Statur zu sehen. Denn in den folgenden Generationen verändert sich diese doch.

Da man gegenwärtig Gelegenheit genug hat, halb veredelte Schaafe anzukaufen, und ihr wenig höherer Preis sich schon bei der ersten Schur reichlich wieder bezahlt, so wird es immer rathsam seyn, sich diese, wo nicht auf einmal, doch allmählig anzuschaffen, wenn man die Veredlung auch nur durch Kreuzung zu betreiben gewillet ist, indem man alsdann um so eher zu einem höheren Grad der Verfeinerung gelangt.

§. 8.

Anziehung der reinen Race.

Die Einführung einer völlig edlen und reinen Stammschäferei, welche sich in sich selbst erhält, und keines Bockankaufs — es sey denn vielleicht eines ganz ausgezeichneten Thiers — weiter bedarf, ist allerdings mit großen Schwierigkeiten verbunden. Sie erfordert nicht nur ein sehr beträchtliches Kapital, sondern auch das Zusammentreffen glücklicher Umstände und viele Bemühungen, diese aufzusuchen. Die Bezahlung jüngerer Schaafe reiner Art ist fast unerschwinglich, und man muß sich mit älteren ausgemerzten Schaafen begnügen, von welchen man noch zwei, höchstens drei Lämmer erwarten kann. Das Risiko ist dabei immer beträchtlich, theils auf der Reise, besonders wenn sie von entferntern Orten kommen, theils weil solche Schaafe, wenn sie an andere Weiden und Fütterung gewöhnt sind, von der Veränderung derselben leicht leiden. Eine Hauptrücksicht, welche man deshalb zu nehmen hat, ist die, daß man ihnen beides von möglichst gleicher Art, so wie sie es gewohnt sind, geben könne. Selbst eine zu schnelle, sonst in der Folge gewiß wohlthätige Verbesserung der Nahrung darf nur mit Vorsicht und allmählig angewandt werden. Auch muß man sich sorgfältig nach ihrer übrigen gewohnten Behandlung erkundigen, und diese anfangs, selbst mit keiner an sich bessern, vertauschen. Wer alles dieses in seiner Gewalt hat, dem wird sich ein angelegtes größeres Kapital freilich bald wieder bezahlen, indem er nun außer der superfeinen Wolle bald Böcke verkaufen, und seine Heerde dann so vermehren kann, daß er auch Mütter, deren Preis vorerst nach aller Wahrscheinlichkeit noch beträchtlich steigen wird, abzustehen habe.

Eine völlig edle Schäferei ist in diesem Augenblicke ein sehr großer Schatz, und wer in Zeiten, wo die Kapitalien wohlfeiler waren, ein solches zum Ankauf reiner Merino-Mütter anwandte, und die Gelegenheit, solche zu erhalten, benutzte, hat gegenwärtig Zinsen davon, wie sie vielleicht kein anderes Kapital auf rechtliche Weise trägt; jedoch wie sich versteht unter der Bedingung, daß er diese Schäferei auch richtig behandelte. Gegenwärtig, wo die Kapitale so theuer und selten sind, und der Preis der reinen Merino-Mütter dennoch sehr hoch gesetzt wird, möchte die Anschaffung einer ganzen Merino-Heerde wenigen möglich und selten rathsam seyn. Denn so wenig es wahrscheinlich ist, daß der Preis der feinen Wolle schnell wieder sinken werde, so wird sie sich doch von Jahr zu Jahr vermehren, und die Nachfrage leichter befriedigt werden können, zumal da sich auch die veredelten Schäfereien vermittelst der Durchkreuzung mit völlig reinen Böcken, die sich nun beträchtlich vermehren, immer mehr verfeinern, und mit ihrer **sortirten** Wolle der völlig feinen in der That nahe kommen. Auch ist nach einem längeren Zeitraume nicht zu erwarten, daß der Ertrag aus dem Verkauf der Böcke und Mütter so ansehnlich bleibe, wie er jetzt ist.

Bei der gegenwärtigen Seltenheit und Theurung der Kapitalien könnte also nach Abzug der rohen Zinsen eine solche Unternehmung wenigstens gewagt scheinen, und wohl nur wenigen Gutsbesitzern möglich seyn.

Es giebt aber ein anderes Hülfsmittel, wodurch man, freilich mit mehrerem Zeit- aber geringerem Kraftaufwande, und gewiß auf die vortheilhafteste Weise zu demselben Ziele gelangt. Es besteht darin, daß man mit der in Veredlung begriffenen Heerde zugleich einen kleinen Stamm von reinen Merino-Müttern zu erhalten suche, ungefähr so viele als erforderlich sind, seine eigenen Böcke aufzuziehen. Dieses kann wenige Schwierigkeit haben, und das dazu angelegte Kapital wird sich allein durch den nun zu ersparenden Ankauf neuer echter Böcke schon hinreichend verzinsen. Zugleich aber wird sich die reine Race durch die Mutterlämmer, wenn diese mit möglichster Sorgfalt behandelt werden, progressiv vermehren.

Man muß sich dabei Folgendes zur unverbrüchlichen Regel machen:

Erstlich sich gewiß versichern, daß man Mütter und Böcke von völlig reiner Race, d. h. auch von mütterlicher Seite aus origineller Merino-Abstammung erhalte, und sie deshalb aus keiner anderen Schäferei nehmen, als wo solche nur vorhanden sind. Gesetzt auch, sie wären so alt, daß man nur ein einziges Lamm mit Sicherheit von ihnen erwarten könnte, oder hätten andere nicht forterbende Fehler, so sind sie doch immer veredelten Schaafen aus der sechsten, ja wahrscheinlich aus der zehnten Generation vorzuziehen. In ihrem Lamme erhält man immer eine reine Mutter oder Bock. Indessen kömmt man freilich mit jüngeren Müttern weit schneller vorwärts, und sie sind bei weitem vorzuziehen, wenn man sie sicher und zu einem verhältnißmäßig billigem Preise erhalt.n kann.

Zweitens. Man behandle diese Stammmütter auf das allervorsichtigste, lasse sie früh zum Bock bringen, damit das Lamm früh komme und seine vollkommene Stärke bei der ersten Begattung erreicht habe, wobei freilich auf die nahrhafteste Winterfutterung der Mutter, während des Säugens und des Lammens im Frühjahre, zu rechter Zeit zu denken ist. Läßt man diese edlen Stammmütter früher wie die übrigen bedecken, so wird man nicht nur den für sie passenden Stör um so besser auswählen, sondern auch um so sicherer seyn, daß sie trächtig werden, und ihre Lämmer werden den andern so viel vorkommen, daß keine Verwechselung vor dem Zeichnen möglich sey. Man wird alle in den ersten Tagen nach der Geburt nöthige Aufmerksamkeit auf sie allein verwenden können.

Drittens. Man lasse nun durchaus keinen jungen Bock von andern als von diesen Müttern ungehammelt gehen, und verhüte sorgfältig, daß keiner der Castration entschlüpfe, wie es bei der Vorliebe, welche die Schäfer für ein äußerlich schön gebildetes Thier zu haben pflegen, so leicht geschiehet.

Viertens. Man sorge für die Erhaltung dieser Mütter und ihre möglichste Lebensverlängerung auf alle Weise, und merze sie nicht eher aus, als bis die Schwäche des Alters sich zu deutlich offenbart. Ob es in der Natur der Merino Schaafe liege, oder von ihrer sorgfältigen Behandlung herrühre, ist vielleicht noch nicht entschieden, aber es ist Thatsache, daß sie bis ins zwölfte Jahr — man hat sogar Beispiele von funfzehnjährigen — zur Zeugung fähig bleiben und gesunde Lämmer bringen. Es wäre wohl der thörichste Geiz, ein solches Schaaf um des Fleisches willen früher absetzen zu wollen, als bis es ganz untauglich geworden ist. Aber auch die Abnahme seiner Wolle muß man nicht achten, und das Thier durch ausgewählte Nahrung hinzuhalten suchen.

Unter Beobachtung dieser Regeln geht die Vermehrung des reinen Stammes schnell vor sich. Ich habe darüber bereits im Oktoberstücke der Annalen des Ackerbaues 1810 eine Berechnung mitgetheilt, die ich hier mehr auseinandergesetzt wiederhole.

Ich setze dabei voraus, daß ein Schaaf mit zwei Jahren, und dann nur 6 Jahre nacheinander ein Lamm bringe, und daß die Hälfte derselben weibliche sind, und nehme an, daß der Anfang mit 12 jungen Mutterschaafen gemacht werde. Hat man diese nicht, sondern alte Mutterschaafe, so geht die Rechnung mit einigen Modifikationen erst von dem Jahre an, wo deren Lämmer Mütter werden.

Erstes Jahr:

12 Schaafe bringen 6 weibliche Lämmer.

Zweites Jahr:

Dieselben 12 Mütter bringen wieder 6 Lämmer.

Drittes Jahr:

Dieselben 12 Mütter
und 6 vom ersten Jahre

18 bringen 9 weibliche Lämmer.

Viertes Jahr:

Die 18 Mütter
und 6 vom zweiten Jahre

24 bringen 12 weibliche Lämmer.

Fünftes Jahr:

Die 24 Mütter
und 9 vom dritten Jahre

33 bringen $16\frac{1}{2}$ weibliche Lämmer.

Sechstes Jahr:

Die 33 Mütter
und 12 vom vierten Jahre

45 bringen $22\frac{1}{2}$ weibliche Lämmer.

Siebentes Jahr:

Die 12 Mütter haben ausgedient.
Es bleiben 33 ältere Mütter
und 16 vom fünften Jahre

49 bringen $24\frac{1}{2}$ weibliche Lämmer.
(Wir lassen jedoch die halben weg.)

Achtes Jahr:

Die 49 Mütter
und 22 vom sechsten Jahre

71 bringen 35 weibliche Lämmer.

Neuntes Jahr:

Die 6 Mütter vom ersten Jahre haben ausgedient.
Es bleiben 65 ältere Mütter
und dazu 24 vom siebenten Jahre

89 bringen 44 weibliche Lämmer.

Zehntes Jahr.

Die 6 Mütter vom zweiten Jahre gehen ab.

Es bleiben 89 ältere Mütter
dazu 35 vom 8ten Jahre

124 bringen 62 weibliche Lämmer.

Eilftes Jahr:

Es gehen ab die 9 Mütter vom dritten Jahre.

Es bleiben 115 ältere Mütter
dazu 44 vom neunten Jahre

159 bringen 79 weibliche Lämmer.

Zwölftes Jahr:

Es gehen ab die 12 Mütter vom vierten Jahre.

Es bleiben 147 ältere Mütter
dazu 62 vom zehnten Jahre

209 bringen 104 weibliche Lämmer.

Dreizehntes Jahr:

Es gehen ab 16 Mütter vom fünften Jahre.

Es bleiben 193 ältere Mütter
dazu 79 vom eilften Jahre

272 bringen 136 weibliche Lämmer.

Vierzehntes Jahr:

Es gehen ab 22 Mütter vom sechsten Jahre.

Es bleiben 250 ältere Mütter
dazu 104 vom zwölften Jahre

354 bringen 177 weibliche Lämmer.

Funfzehntes Jahr:

Es gehen ab 27 Mütter vom siebenten Jahre.
Es bleiben 330 ältere Mütter
dazu 136 vom dreizehnten Jahre

466 bringen 233 weibliche Lämmer.

Sechszehntes Jahr:

Es gehen ab 35 Mütter vom achten Jahre.
Es bleiben 431 ältere Mütter.
dazu 177 vom vierzehnten Jahre

608 bringen 304 weibliche Lämmer
und so fort.

Hierbei ist nun freilich auf die höchste Sorgfalt und auf keine Unglücksfälle gerechnet. Dagegen sind aber auch nur 6 Lämmer von einer Mutter angenommen worden, und man kann allerdings bei der besten Behandlung acht, und durch Zwillingslämmer, die bei einer reichlichen Nahrung öfter vorkommen, deren mehrere erhalten.

So wie nun die Zahl des reinen Stammes sich vermehrt, wird die des veredelten — ungeachtet sie durch die selbst erzeugten Böcke beträchtliche Fortschritte gemacht hat — vermindert, und endlich eine völlig reine Schäferei hervor gebracht.

Die Franzosen nennen dieses troupeau de progression, und Herr Tessier giebt Herrn Morel de Vindé als den Erfinder derselben an. Allein es hat Herr Geysmer, jetzt Gutsbesitzer bei Warschau, schon im im Jahre 1803 diese Berechnung auf meinem Institute zu Celle gemacht.

Wie viel durch die erste Anlage zum Ankauf der 12 Mutterschaafe, im Vergleich gegen den sonst nöthigen wiederholten Ankauf der echten Böcke gewonnen wird, kann ein jeder leicht nachrechnen. Dazu kommt aber der beträchtliche Verkauf von Böcken, womit man im sechsten Jahre schon anfangen kann.

Daß wenige, bloß in Hinsicht der eignen Zucht der Böcke hierauf verfallen sind, läßt sich nur aus dem Vorurtheile, welches man gegen Verwandtschaft hatte, erklären, indem die meisten bloß der Verwandtschaft wegen fremde Böcke nöthig zu haben glaubten, und bessere reinere Böcke deshalb gegen schlechtere und ziemlich veredelte Mestizen vertauschten. „Wenn es mit der Verwandschaft ein Vorurtheil ist," sagte mir jemand, „so ist es doch ein unschädliches." Dies Vorurtheil hat uns vielleicht um Millionen gebracht — und kein Vorurtheil ist unschädlich!

§. 9.

Auswahl der Störe und Mütter.

Bei der Auswahl des Bocks kommt es vor allem darauf an, daß man sich von seiner reinen Abkunft, und daß er nicht von einem Mestizschaafe gefallen sey, überzeuge. In einem zweifelhaften Falle wird es immer sicherer seyn, einen Bock von unzweifelhafter Abkunft, wenn er auch die sogleich zu nennenden Qualitäten in minderen Grade besäße, einem andern vorzuziehen, der sie in höherem Grade hätte, dessen Abstammung aber ungewisser wäre.

Sind sie hierin einander gleich, so kommt es vor allen auf die Feinheit und Elastizität der Wolle, und zwar auf das möglichste Aushalten dieser Feinheit an denen Theilen, die immer gröbere Wolle haben, und auf die Abwesenheit der Stichelhaare auch an den Theilen, wo sie sich am meisten zu finden pflegen, an. (Von der Wolle werden wir insbesondere reden.)

Dann kommt ein starker, gedrungener Körperbau und eine kraftvolle Konstitution in Betracht. Lebhafte Augen mit hochrothen Adern um die Thränendrüsen, eine breite wollige Stirn, kurze aber steifstehende Ohren, ein kurzer aber breiter Hals, breite Brust, runde Schultern, ein breiter gedrungener Leib mit einer großen Bauchung, breites Kreutz und Rücken, kurze Beine, großer und stark herabhängender Hodensack mit dicken Hoden, machen das vorzüglichste Verhältniß des Körperbaues aus.

Der Bock muß ferner alle Zeichen der vollkommensten Gesundheit und Kraft haben, einen freien aber festen und taktmäßigen Gang, er muß steif stehen und nicht leicht nachgeben, wenn man ihm stark aufs Kreutz drückt und kräftig zucken, wenn man ihn bei einem Hinterbeine halten will. Neben den Adern des Auges muß auch die Haut, das Zahnfleisch und die Lippen die gesunde rothe Farbe haben. Die Größe des ganzen Körpers muß erst nach diesen Verhältnissen in Rücksicht kommen. Sie ist minder wesentlich und hat auf die Descendenz keinen so großen Einfluß, wie manche glauben.

In Ansehung der Dichtheit und Quantität der Wolle findet auch bei der reinen Race ein sehr großer Unterschied statt; diese scheint mir zwar, wie ich weiter unten sagen werde, größtentheils von der Nahrung und Wartung abzuhangen und dadurch verbessert werden zu können, pflanzt sich aber doch auf die ersten Generationen fort. Man erkennet sie, wenn beim Auffassen mit der Hand diese ganz mit Wolle angefüllt wird; und wenn man die Wolle auf dem obern Theile des Vorderbeins von einander trennt, muß sie bei dem Loslassen elastisch und schnell wieder zusammen springen, und die gemachte Trennung nicht mehr bemerklich seyn. Dann daß auch diejenigen Theile, die sonst wenig Wolle zu haben pflegen, stark bewollt seyen, oder die Wolle bis zu den Extremitäten aushalte.

Manche ander angebliche Vorzüge eines Störes, z. B. daß er einen starken Schopf auf dem Kopfe, eine starke Wamme habe, behaart sey an den Hinterbeinen, einen dreifachen Halskragen habe, sind Eitelkeiten. Es kommt 1) auf seine Abstammung; 2) auf die Feinheit und Elastizität seiner Wolle; 3) auf die Dichtheit des Pelzes; 4) auf seine Statur und in dieser Ordnung an. Alles andere sind Nebensachen.

Daß es Fälle geben kann, wo man mehr auf die Quantität als auf die Feinheit Rücksicht zu nehmen sich bewogen findet, und deshalb mehr auf die Größe und Breite des Körpers, als auf die Qualität der Wolle sieht, gebe ich zu. Allein man opfert bei dieser Rücksicht die Reinheit der Race auf, weil diese nie zu einer ausgezeichnet großen Statur kommt, und man muß, wenn die Feinheit der Wolle nicht immer mehr verlieren soll, zuweilen mit völlig reinen kleineren Böcken kreuzen, und darf sich nie anmaßen tüchtige Böcke zur Veredlung zu liefern. Es kann seyn, daß das schwerere Fließ einer minder feinen Wolle von einem großen Thiere einen höheren Ertrag giebt; man muß aber bedenken, daß dieser größere Körper auch mehrere Nahrung erfordert, und daß man statt zwei größere drei kleinere erhalten konnte.

Das Mutterschaaf muß in Ansehung der Feinheit der Wolle und der Gesundheitszeichen gleiche Eigenschaften mit dem Bocke haben, auch in Ansehung des Körperbaues fast dieselben Verhältnisse, nur mit einem nach Verhältniß der Größe mehr gestreckten Rumpfe.

Man kann bei den Müttern freilich keine so strenge Auswahl wie bei den Böcken machen. Es vererbt sich aber das Individuelle bei ihnen auch nicht so stark wie bei den Böcken, wenn sie nur von reinem Stamme sind. Vor allen dürfen sie nicht den Fehler des Abwerfens der Wolle haben, was aber unter letzterer Bedingung wohl nie der Fall ist, sondern sich mehrentheils von einer an doppelter Schur gewöhnten Race herstammt.

Der Bock muß nicht eher zur Begattung gebraucht werden, als bis er bei guter Nahrung $2\frac{1}{2}$ Jahr alt geworden ist. Wollte man ihn freilich älter werden lassen, so würde er an körperlicher

Ausbildung und Kraft noch mehr gewinnen. Jedoch ist dieses nur bei schwächlicheren Thieren nothwendig, und die Erfahrung lehrt, daß die in jenem Alter gebrauchten Böcke sich vollkommen gut erhalten haben, ungeachtet sie ihren Wachsthum noch nicht vollendet hatten. Ein Mutterschaaf wird ohne Nachtheil begattet, wenn es so alt ist, daß es mit dem zweiten Jahre sein Lamm bringt, wenn es anders seiner körperlichen Konstitution nach, und durch gute Verpflegung sich in gutem Stande befindet. Schwächlinge müssen ein Jahr länger unbefruchtet gehen.

Es giebt einige Fehler, die sich nicht vererben, und die folglich die damit behafteten Individuen von der Fortpflanzung nicht ausschließen. Dahin gehören alle äußere durch Zufall entstandene Fehler, z. B. Einäugigkeit, Hinken u. dgl. Diejenigen die braune oder schwarze Flecke im Pelze, ja sogar Flecke auf der Zunge und im Gaumen haben, hält man für verwerflich, und glaubt, daß sich solche Flecke fortpflanzen, und daß auch bei letzteren scheckige Lämmer erfolgen. Dies scheint aber noch zweifelhaft, wenn anders in einem Stamme dieser Fehler nicht constant geworden. Man hat in den reinsten echten Schäfereien zuweilen bunte Lämmer erhalten, ohne irgend einen Grund davon entdecken zu können, und diese haben wieder völlig weiße Lämmer gebracht. Ich würde wohl einen Bock, der freiern Auswahl wegen, aber keine edle Mutter deshalb ausmerzen. In Spanien macht man sich in den besten Heerden aus Flecken, besonders aus braunen nichts.

§. 10.

Die Begattung.

Die Zeit der Begattung richtet sich natürlich nach der Zeit, wo man die Lämmer zu haben wünscht. Die Trächtigkeit des Schaafes dauert in der Regel 150 Tage oder einige Tage über 21 Wochen.

Der Geschlechtstrieb der Schaafe ist an keine bestimmte Jahreszeit gebunden. Er äußert sich aber gewöhnlich im siebenten Monde nach dem Lammen, und pflegt dann einige Tage zu dauern, und von 3 Wochen zu 3 Wocheu zurückzukehren. Man könnte die Schaafe wahrscheinlich an jede Lammzeit gewöhnen, wenn man sie als Erstlinge in Rücksicht darauf zuließe. Sind sie einmal an eine bestimmte Jahreszeit gewöhnt, so wird man am sichersten gehen, wenn man sie dabei läßt; jedoch kann sie immer um einen Monat früher gestellt werden, und dies geht sicherer, als sie einen Monat länger herauszusetzen, weil alsdann der

Begattungstrieb, nachdem er mehrere Male unbefriedigt geblieben ist, sich vorerst völlig verliert.

Es haben einige den Vorschlag gethan, die Lämmer erst im Junius kommen zu lassen, zu einer Zeit, wo die Mütter die volle und milchreichste Weide haben. Daß es angehe, hat gar keinen Zweifel, und die Sache scheint einigen Grund für sich zu haben. Sie würde aber eine Abänderung mancher Wirthschaftsverhältnisse nach sich ziehen, und anfangs viele Schwierigkeiten haben.

Bis jetzt ist bei uns in der Regel die Begattung so eingerichtet, daß die Lämmer vom Januar bis Ende Aprills fallen. Ueber das frühere oder spätere sind aber die Meinungen sehr getheilt. Gegen das frühe Lammen führt man die Schwierigkeit einer gedeihlichen und reichlichen milchgebenden Winterfütterung in der Säugezeit an. Die Mütter müssen einige Wochen vor der Lammzeit vorzüglich genährt werden, und dann diese gute Fütterung behalten, bis sie reichliche Weide bekommen. Selbst bei derjenigen Fütterung, die man gewöhnlich eine gute nennt, haben die Schaafe zwar Milch genug für die jungen Lämmer, aber sie wird unzureichend, wenn diese älter werden und mehr Nahrung verlangen. Wenn auch bei früh hervorgrünender Weide die Mütter ausgehen können, so ist

das

das Frühjahr bei uns doch so unbeständig, daß das Gras oft wieder vergeht; dann gehen die Mütter ungern wieder an das dürre Futter, und die Milch vermindert sich zu sehr. Die längere Dauer der reichlichen Winterfütterung, wobei dann auch den Lämmern selbst ein vorzüglich feines und gesundes Heu gegeben werden muß, ist also nicht nur kostspielig, und bei manchen Wirthschaftsverhältnissen unmöglich, sondern ersetzt auch das nicht, was eine gute Weide während der Säugezeit thut. Das frische saftige Futter befördert die Absonderung der Milch bei weitem stärker, wenn auch das trockene eben so nahrhaft wäre.

Dann besorgt man, wenn die Lämmer in der kältesten Jahreszeit kommen, das Erfrieren derselben, oder doch eine nachtheilige Einwürkung der Kälte auf ihre Gesundheit.

Auf der andern Seite aber sagt man: das Trächtigwerden der Mütter sey weit sicherer, wenn man den Begattungstrieb so früh als möglich befriedige, indem dann, wenn der rechte Moment das eine Mal verfehlt sey, dieser doch früh genug zurückkehre. Daß aber jede Mutter ein Lamm bringe, ist um so wichtiger, je ernstlicher man die Vermehrung eines edlen Stammes bezweckt.

Ferner sey es von sehr großer Wichtigkeit, daß die Lämmer schoe zur vollen Stärke kommen, um die frühe Weide mit Sicherheit und Vortheil genießen, und auch eine später einfallende schlechte Witterung ertragen zu können. Man werde sie alsdann früher entwöhnen können, wodurch die Mütter an Kraft und Wollergiebigkeit — welche letztere mit der Milchabsonderung im entgegengesetzten Verhältnisse stehet, — gewinnen. Das Lamm werde vor Winter die gehörige Stärke erlangen, und den gefährlichen Krankheiten, welchen schwächere Jährlinge ausgesetzt sind, entgehen. Es erreiche die vollkommene Stärke, um im nächsten Herbste zugelassen werden zu können.

Allerdings sey eine stärkere Fütterung hierbei nöthig, aber diese bezahle sich bei einer feinwolligen Schäferei durch höheren Wollertrag immer reichlich, und ohne die Möglichkeit diese zu geben, müsse man überall auf eine edle Schäferei Verzicht leisten, oder wenigstens ihre Kopfzahl danach beschränken. Dasselbe Futter werde mit 200 Schaafen oft höher als mit 300 benutzt. Auch das beste trockene Futter habe auf die Milchabsonderung freilich nicht die Wirkung, wie das, was noch seinen natürlichen Saft habe. Daher müsse insbesondere für die säugenden Mütter ein Vorrath von saftigen Wurzelgewächsen, Kartoffeln, Rüben, Möhren u. s. f. gebaut, und bis zur Lammzeit aufbewahrt werden. Ein mit Spät- oder Stoppelrüben besäetes Feld hält sich mehrentheils den Winter durch, und dies giebt dann im März und April eine vortreffliche Aushülfe, durch die Wurzeln selbst und durch den jungen Austrieb. Hierdurch und durch andere Hülfsmittel, wovon unten die Rede seyn wird, könne den Müttern bis zur nachhaltigen Ausgrünung der Weide die Milch im Ueberfluß erhalten werden.

Unter diesen Bedingungen sind die Gründe für das frühe Lammen ohne allen Zweifel überwiegend. Man muß sich aber freilich wohl versichern, daß man sie erfüllen könne. Ich habe oben gerathen, wenigstens die Stammütter der reinen Race bei einer Progressionsheerde früh zuzulassen.

Daß die Böcke abgesondert von den Müttern und Jährlingen außer der Springzeit gehalten werden, und daß man sie am bequemsten mit dem Hamelhaufen zusammenhalte, versteht sich von selbst; doch erinnere ich hier noch, daß dieses mit aller Vorsicht geschehen müsse, damit keine unzweckmäßige Begattungen entstehen.

Ein starker gesunder Bock ist vermögend, eine grosse Anzahl von Schaafen zu belegen, wenn die

Springzeit durch das ganze Jahr, oder doch von sehr langer Dauer wäre. Allein es hat seine großen Vortheile, wenn die Lämmer fast sämmtlich zugleich kommen, und die Mütter daher in einem kurzen Zeitraum sämmtlich trächtig werden. Dies kann dann ein Bock bei mehr als höchstens 40 Müttern nicht leisten, und hierzu müßte er schon von Natur kräftig und sehr gut genährt seyn. In Spanien selbst rechnet man 3 Böcke aufs Hundert, und dies hat man auch bei uns zureichend gefunden. Sicherer geht man indessen auf 100, vier zu halten, insbesondere wenn ein Theil derselben noch jung wäre. In England führt man den vorzüglichsten Böcken die Schaafe nur nach und nach, so wie man bemerkt, daß sie brünstig sind, zu, ungefähr 7 bis 8 Stück zur Zeit. Wenn er diese besprungen hat, so läßt man 1 oder 2 schon besprungene bei ihm, giebt ihm dann aber einige Tage Zwischenzeit, und führt nun andere herbei. Auf diese Weise kann ein Bock sehr viel ausrichten. und man macht es bei der Vermiethung der kostbaren englischen Böcke zur Bedingung, daß man einem nicht über 100 Schaafe in einer Springzeit belegen lasse. Diese Methode verdiente bei ganz ausgezeichneten Böcken ohne Zweifel nachgeahmt zu werden.

Bei uns werden fast allgemein mehrere Böcke zugleich unter den Mutterhaufen gelassen, entweder alle auf einmal oder in zwei Abtheilungen, so daß sie von Woche zu Woche während der Springzeit abwechseln. Für letzteres führt man den Grund an, daß viele Böcke unter einem Haufen, wo doch nicht alle Schaafe auf einmal brünstig sind, zu sehr mit einander kämpfen, die schwächern ganz abgestoßen werden, die stärkern aber sich übernehmen möchten.

Einige ziehen es vor, die Böcke Tag und Nacht unter der Heerde zu lassen, andere aber sie nur des Nachts im Stalle damit zusammen zu bringen.

Bei ersteren wäre wohl eine Auswahl der zusammen zu bringenden Böcke und Mütter nicht möglich, und diese beobachten dennoch alle aufmerksame Schaafzüchter. Denn obwohl sie keinen Bock von unsicherer Abstammung und schlechteren Qualitäten in ihrer Heerde dulden, so giebt es doch Gradationen ihrer Trefflichkeit. Man bringt also die ausgezeichnetsten Böcke mit den ausgezeichnesten Müttern in Verbindung, um dadurch den Stamm zu immer höherer Vollkommenheit zu bringen, und die schlechteren ausmerzen zu können, so wie sich die vorzüglichsten vermehren. Man hat mehrere Methoden diese Absonderung zu bewürken. Die gewöhnlichste und bequemste ist die, daß man die Mütter der ersten, der zweiten, dritten u. s. f. Qualität an einem in die Augen fallenden Theile ihres Körpers mit einer besondern Farbe vor der Springzeit bezeichnet, indem bei andern, minder in die Augen fallenden Zeichen an den Ohren oder der Nase, eine Irrung leichter möglich wäre. Die für eine jede Klasse bestimmten Böcke werden mit derselben Farbe bezeichnet. Diese Böcke werden dann in drei oder mehrere durch standfeste und hinlänglich hohe Horden gemachte Abtheilungen des Stalls gebracht. Diese Abtheilungen vereinigen sich an der großen Hauptthür des Stalls. Vor demselben werden einige Horden so aufgestellt, daß nur ein Gang bleibt, wodurch ein Schaaf nach dem andern durchkommen kann. Der Schäfer stellt sich vor der Thür zwischen diese Horden und schiebt nun jedes ankommende Schaaf zwischen den Beinen durch in die Abtheilung, wohin es seiner Farbe nach gehört. Nachdem die Schaafe eingelassen worden, was noch vor Abend geschehen muß, wird nochmals nachgesehen, ob auch keine Irrung vorgefallen sey.

Ich habe schon mehrmals des Vorurtheils gegen Verwandschaft erwähnt, wovon manche eine besondere Degeneration und Schwächung besorgten. Es ist nun aber durch die Erfahrungen der Engländer und auch mancher Deutschen hinlänglich widerlegt. Wenn Fehler in einer Familie sind, so pflanzen sie sich freilich durch solche Paarungen um so mehr fort, und werden größer. Aber eben so die Vollkommenheiten, und es giebt kein sicherers Mittel, als einen Stamm, worin sie forterben, in sich selbst fortzupflanzen. Wenn von einem Bocke ein vorzügliches Lamm gefallen ist, so muß es mit keinem anderen als mit demselben oder seinem eben so schönen Sohne belegt, und die Familie in der nächsten Verwandtschaft fortgepflanzt werden. Der große Viehzüchter Bakewell hat hierdurch Wunder gethan bei allen Arten der Hausthiere.

Daß vor und während der Springzeit die Böcke vorzüglich genährt werden, versteht sich von selbst. Man giebt ihnen gewöhnlich Morgens und gegen Abend Hafer.

Innerhalb vier Wochen haben die Schaafe in der Regel abgestört, und man nimmt ihnen nun die Böcke. Um sich zu versichern, daß keine unbefruchtet geblieben sind, läßt man einige muntere Hammel unter den Haufen, und wenn Schaafe es leiden, daß diese auf sie springen, so sind sie wahrscheinlich unbefruchtet, und man bringt sie nochmals mit einigen Böcken zusammen.

§. 11.

Trächtigkeit der Schaafe.

Während der Trächtigkeit muß man insbesondere verhüten, daß die Schaafe nicht von Hunden gehetzt werden, keine starke Sprünge machen, und sich bei dem Aus- und Einlassen in den Stall nicht heftig drängen und pressen. Sie dürfen der schlechten Winterwitterung, insbesondere wenn sie einmal verzärtelt sind, nicht ausgesetzt werden, und müssen besonders gesunde, jedoch zu Anfang auch nicht zu kräftige Nahrung haben. Das Gegentheil kann das Verlammen veranlassen, wonach auch die Mütter kränklich bleiben.

§. 12.

Die Lammzeit.

Bei der Lammzeit ist die höchste Aufmerksamkeit des Schäfers nöthig, und wenn man sich nicht sehr sicher auf ihn verlassen kann, die ununterbrochene Aufsicht auf selbigen.

Die Zeichen des herannahenden Lammens sind das Aufschwellen der Geburtstheile, der Ausfluß einer schleimigen Feuchtigkeit, die Anschwellung des Euters und die Erzeugung der Milch darin.

Das Schaaf lammt ohne Beschwerde, aber oft langsam. Manchmal ist die Geburt schon hervorgetreten, und es drängt sich wieder an die Rauffe, und frißt mit großer Begierde. Es ist der größte Fehler, wenn der Schäfer hierbei etwas mehr thut, als zuzusehen. Alles Ziehen am Kopfe oder an den hervorgetretenen Vorderfüßen ist nicht bloß unnöthig, sondern höchst schädlich. Wenn man daher nicht einen sehr verständigen Schäfer hat, so ist es am besten, daß man es ihm aufs strengste verbietet, auch nur die geringste Hülfsleistung bei der Geburt anzuwenden. Die Fälle sind selten, wobei etwas zu thun ist, und dies kann nur mit großer Ueberlegung und ohne alle Gewalt geschehen.

Das Lamm kommt in der Regel mit der Spitze der Schnautze auf den Vorderbeinen liegend hervor. Zuweilen aber bleibt ein Vorderfuß zurück, hat sich über den Kopf oder seitwärts gelegt, und hält das Hervorkommen des Lammes zurück. Hier darf nicht gezogen, sondern der Kopf muß vielmehr beim Nachlassen des Geburtsdranges etwas zurückgebracht werden mit der flachen Hand, indem man mit dem Finger an dem Halse hinaufgehet und an die Achsel zu gelangen sucht, um den Fuß dann in dem Gelenke hervor zu holen. Oder es liegt nicht die Schnautze, sondern das Ohr vor, und der Kopf in der Quere: hier muß man auch, indem man den Kopf zurückbringt, ihm eine andere Lage zu geben suchen. Das Hervortreiben thut die Natur immer selbst, wenn kein mechanischer Widerstand da ist. Jenes sanfte Lenken kann den Schäfer aber nur in einer guten Schäferschule durch Ansicht und Uebung gelehrt werden.

Es ist nichts seltenes, daß auch Schaafe von der Merino-Race zwei Lämmer bringen. Je besser sie und die Böcke genähret sind, desto häufiger ist es. Man kann ungefähr unter 100 auf 5 bis 6 rechnen, die es thun. Drillinge sind bei den Merinos selten, und nicht erwünscht, weil die Lämmer dann schwach zu seyn pflegen.

Die Aufzucht.

Nach der Geburt kommt es vor allen darauf an, daß die Mütter ihr Lamm annehmen, es saugen lassen, und daß sie sich einander kennen lernen. Mehrentheils geschiehet das von selbst; die Mutter leckt das Lamm, das Lamm sucht den Euter der Mutter, und diese läßt es gern saugen. Thut die Mutter jenes nicht von selbst, so bestreuet man das Lamm mit etwas Salz, und hält es der Mutter zum Lecken vor. Will dennoch eine Mutter, am häufigsten eine erstgebährende, ihr Lamm nicht zulassen, so bringt man sie in einen besondern mit Horden gemachten Verschlag, die gegen die Lammzeit eingerichtet seyn müssen. Man giebt der Mutter reichlichere Nahrung, besonders nahrhaften Trank, damit die Milch sie steche. Hilft das nicht, so muß die Mutter an den Füßen gehalten oder gebunden werden, damit sie das Lamm, welches den Euter schon zu finden weiß, nicht zurückstoße. Hat sie es nur einmal zugelassen, so wird sie es in der Folge gern thun. Haben sich nun Mutter und Lamm einmal kennen gelernt, so macht das gegenseitige Bedürfniß, daß sie einander aufsuchen, und es ist zum Erstaunen, wie sie sich einander auffinden, wenn die ausgetriebene Mutterheerde zu Haus und mit ihren Lämmern zusammenkommt. Indessen sind letztere mehr oder minder klug, und es giebt so schlaue, die immer erst auf den Raub ausgehen, sich von hinten zu an andere Mütter drängen, die sie zulassen, bis sie etwa durch die Hinzukunft ihres eigenen Lammes des Irrthums gewahr werden. Die Merino-Mütter sollen jedoch darin dummer und gleichgültiger seyn, wie andere Schaafe, so daß die Milch leicht ein Gemeingut unter den Lämmern werde.

Zwei Lämmer kann eine gut genährte Mutter wohl säugen. Wenn indessen ein Lamm verunglückt ist, so sucht man dessen Mutter zur Annahme eines Zwillingslammes zu bringen, und erreicht diesen Zweck leicht.

Uebrigens ist die erste Muttermilch die wohlthätigste Nahrung für das Lamm. Sie ist von besonderer Beschaffenheit, aber gerade geeignet, den schwarzen zähen Unrath, den das Lamm in seinen Gedärmen auf die Welt bringt, abzuführen, und dadurch das Gedeihen des Lammes zu befördern. Es ist daher höchst fehlerhaft, wie einige Schäfer die Gewohnheit haben, diese Milch auszudrücken und sie den Lämmern zu entziehen.

Die Mütter müssen nun fortdauernd sehr gut genährt werden, und milcherzeugendes Futter oder Trank bekommen, weil davon das Gedeihen der Lämmer vorzüglich abhängt. Daß man damit auch zu weit gehen, und den Lämmern eine Unverdaulichkeit zuziehen könne, hat freilich keinen Zweifel. Allein es hat damit in der Praxis selten Gefahr, und der Fall ist bei weitem häufiger, daß die Schaafe zu wenig Futter, die Lämmer folglich zu wenig Milch erhalten, als daß sie zu viel bekommen. Ueber das gerechte Maaß weiter unten.

Nach drei oder vier Wochen wird es dennoch rathsam, die Lämmer mit Futter, welches ihrem Gebiß und ihrer Verdauungskraft angemessen ist, zu unterstützen. Man giebt ihnen Schroottrank von Hafer, aufgequellete Erbsen und Wicken oder aufgeweichten Oelkuchen; dann zartes Heu und Wickenstroh. Damit die Lämmer das für sie allein bestimmte Futter behalten, macht man einen Abschlag von Horden, durch deren Zwischenräume die Lämmer, aber nicht die Schaafe durchkommen können, und legt es ihnen hier auf. Oder man giebt es ihnen in der Zeit, wo die Schaafe schon ausgetrieben sind. Sie gewöhnen sich so allmählig an das Fressen, und schlagen dann beim Absetzen nicht zurück, zu einer Zeit, wo sie volle und vorzüglich gesunde Weide haben können; wenn man sie nicht, wie einige vorziehen, den ganzen Sommer hindurch mit ausgewähltem Heu auf dem Stalle erhält.

In den ersten Stunden nach der Geburt ist den Lämmern eine gemäßigte Temperatur höchst wohlthätig. Sie suchen auch von selbst die wärmste Stelle des Stalles auf, und halten sich zusammen. Dieser Zeitpunkt erregt die größte Bedenklichkeit gegen die Durchwinterung der Schaafe im Freien oder in ganz offenen Scheppen. Will man diese aus anderen Gründen, wie es allerdings möglich ist, bewerkstelligen, so ist es doch rathsam eine warme geschlossene Abtheilung zu machen, wohin man die neugebohrnen Lämmer mit ihren Müttern bringt. Nach einigen Tagen kann das Lamm schon eine beträchtliche Kälte ertragen.

Man lasse diese Lämmer länger, als es bei schlechten Heerden der Gebrauch ist, 18 bis 20 Wochen säugen, entwöhne sie aber allmählig, indem man ihnen mehreres Futter und hernach gute Weide giebt, und sie in der letzten Zeit nur selten zur Mutter bringt, damit sie dann durch die plötzliche Entziehung dieser Nahrung nicht leiden, und bei den Müttern die Absonderung der Milch allmählig aufhöre. Diese haben dann Zeit, sich bis zur nächsten Begattung zu erholen.

Von einer kräftigen Futterung und Weide hängt nun die Stärke, welche diese Thiere erlangen sollen, hauptsächlich ab; sie darf ihnen daher durchaus nicht spärlich zugemessen werden.

Sobald die Lämmer ganz abgesetzt sind, müssen sie in gehöriger Entfernung von den Müttern erhalten werden, damit sie sich durch das gegenseitige Blöken nicht beunruhigen, und der Trieb, zu einander zu kommen, nicht zu lebhaft erregt werde. Die Bocklämmer von den Mutterlämmern abzusondern, ist bei den Merinos nicht nöthig, indem sich diese Race später entwickelt.

In einer progressiven Schäferei ist die Zeichnung der Lämmer, und zwar gleich nach der Geburt, unumgänglich nöthig; weil sonst sogar leicht Verwechselung entstehen und die Abstammung unsicher werden kann. Man darf dies selten dem Schäfer allein überlassen, weil er von der Wichtigkeit der Abstammung keinen Begriff hat, oder sich zu sehr auf sein Gedächtniß verläßt.

Das Zeichnen.

Das Zeichnen kann auf mancherlei Weise geschehen. Am bequemsten und gebräuchlichsten sind die Einschnitte am Ohr. Will man nur den reinen Stamm und dann die verschiedenen Generationen unterscheiden, so ist es am besten jene ungezeichnet zu lassen, und diese dann durch 1, 2, 3 Einschnitte oder Löcher am rechten oder linken Ohr, oder Abstutzung des Zipfels an diesem oder jenem Ohre zu unterscheiden. Will man aber, insbesondere bei jenen, auch die Individuen unterscheiden, und eine Stammtafel von ihnen haben, so muß man ihnen eine Nummer geben. Dies kann auch an den Ohren geschehen, indem man ihnen in die Ränder des Ohrs römische Zahlen einschneidet, welche etwa in dem linken Ohre Einheiten, in dem rechten Ohre Zehner, in dem unteren Rande des Ohrs bedeuten. In dem oberen Rande deutet man die hundert Zahl an. Diese Einschnitte oder auch Löcher werden mit scharfen Eisen gemacht. Die Ohren werden auf ein plattes Brett gelegt, das Eisen darauf ansetzt, und dann durchgeschlagen. Es versteht sich, daß das Eisen von der Substanz des Ohrs etwas wegnehmen müsse, weil ein bloßer Einschnitt wieder zusammenwächst und unkenntlich werden würde.

Diese Einschnitte, wenn sie die Nummer des Schaafs andeuten sollen, sind freilich nicht in die Augen fallend, und müssen sehr genau beachtet werden, wenn man sich nicht irren will. Manche ziehen daher kleine hölzerne oder blecherne Tafeln, worauf die Nummer steht, die den Lämmern mit einem Drath oder Schnur um den Hals oder auch wohl ins Ohr gehangen werden vor. Jene Ohrzeichen sind aber sicherer, gehen nicht verloren, können nicht verwechselt oder vom Schäfer ausgetauscht werden. Dieser muß die ausgegangene Nummer in dem Sterbefelle nachweisen.

Daß

daß sie bei der Zeichnung sogleich in die Liste eingetragen werden, versteht sich.

§. 13.

Die Kastration und Verstutzung der Schwänze und Hörner.

Alle nicht zur Aufzucht bestimmte Bocklämmer, folglich bei einer progressiven Schäferei, alle die nicht reiner Abstammung sind, werden, wenn sie drei höchstens vier Wochen alt sind, und fast allein noch die Muttermilch genießen, verschnitten. Es kann geschehen, sobald sich die Testikeln herunter in den Hodensack begeben haben. Dann ist die Operation am leichtesten und sichersten, und die Hammel werden besser, ihr Fleisch schmackhafter, als wenn es später geschiehet. Die gewöhnlichste Art ist die, daß der Operateur einen Einschnitt unten in den Hodensack macht, einen Testikel nach dem andern herausziehet, und ihn mit den Zähnen abreißt, weil abgerissene Gefäße weniger bluten, als wenn man sie abschneidet. Der Saamenstrang wird dann etwas gedrehet und man überläßt die Heilung der Natur. Es stirbt selten ein junges Lamm an dieser Operation, aber sie ist gefährlicher und umständlicher bei älteren.

Den weiblichen Lämmern werden etwas später die Schwänze 3 bis 4 Zoll vom Leibe abgeschnitten, nicht kürzer, weil sonst eine Verblutung entstehen könnte. Der Schäfer nimmt sie zwischen die Beine und thut dies mit dem Messer, streicht dann etwas Talg und Asche darauf; andere hacken sie ab. Es geschiehet um die Verunreinigung nicht nur des Schwanzes selbst, sondern auch des hintern Pelzes zu verhüten, die sonst durch das Anschlagen des Schwanzes immer geschiehet. Einige halten diese Operation für widernatürlich, indem der Schwanz den Schaafen nicht ohne Grund gegeben sey; und für unvortheilhaft, weil der Schwanz doch immer Wolle, wenn gleich schlechtere trage. Wahrscheinlich aber wird der Abgang dieser Wolle durch mehrere an besseren Theilen ersetzt, und man will bemerkt haben, daß das Kreutz bei koupirten Thieren breiter werde, weil der dem Schwanze bestimmte Nahrungsstoff sich nun daselbst absetze. Zur Reinlichkeit ist es aber anerkannt nothwendig, daß es geschehe.

Die Hörner sind den Böcken in ihrem zahmen Zustande und besonders in den Ställen von keinem Nutzen, und sehr im Wege. Sie können durch die Futterrauffen nicht durchkommen, sie verwunden sich einander oft gefährlich damit. Zuweilen wachsen sie so, daß sie ihre Richtung in den Kopf des Thiers hineinnehmen. In diesem Falle müssen sie ihnen nothwendig genommen werden. Außerdem entschließen sich die meisten nicht dazu, weil sie den Thieren eine vorzügliche Zierde geben. Aber sicherer ist es gewiß sie ihnen zu nehmen; und die Spanier thuen es in der Regel, ungeachtet sie bei ihnen nicht in den Stall kommen. Es geschiehet, wenn sie ein Jahr alt sind, mit einer feinen Handsäge, indem ein Gehülfe den Kopf hält. Man nimmt sie einige Zoll vom Kopfe ab, damit keine Verblutung entstehe. Sie wachsen dann zwar etwas wieder, werden aber nicht lang.

§. 14.

Alter = Kennzeichen.

Das Alter der Schaafe wird hauptsächlich aus den Zähnen erkannt, und danach benennt man sie auch gewöhnlich.

Das Schaaf hat nämlich außer den Backenzähnen acht Schneidezähne in unterm Kiefer, im obern keine. Diese bringt es in der Regel mit zur Welt; sie sind spitziger wie diejenigen, die an ihre Stelle treten.

Wenn es 1 bis $1\frac{1}{2}$ Jahr alt ist, so wechselt es mit den beiden mittleren Zähnen, und man erkennt die neuen Zähne, welche Schauffelzähne heißen, an ihrer größeren Breite. Sie heißen alsdann Zweizahnige, Zweischaufler und Jährlinge im eigentlichen Verstande. Doch giebt man ihnen den letzten Namen auch sobald sie eingewintert sind, und bevor sie gewechselt haben.

In dem Alter von 2 bis $2\frac{1}{2}$ Jahr wechseln die beiden nebenstehenden. Sie heißen alsdann vierzähnige oder vierschaufler.

Wenn sie 3 bis $3\frac{1}{2}$ Jahr alt sind, fällt das dritte Paar der Spitzzähne aus, und es tritt an dessen Stelle wieder ein Paar Schaufelzähne, so daß von jenen nur noch an jeder Seite einer stehen bleibt. Sie heißen dann Sechszähner, Sechsschaufler.

In dem folgenden Jahre werden dann auch die beiden letztern gewechselt, und nun heißt das Schaaf vollzähnig und hat damit seine volle Ausbildung erreicht.

Im sechsten Jahre fangen die Zähne an, sich abzureiben, und das mittlere Paar wird zuerst stumpf und kürzer. Die Zähne sehen zwar länger aus, weil sich das Zahnfleisch zurückzieht; aber bei genauerer Untersuchung entdeckt man doch, daß sie oben abgerieben sind. Sobald diese Zähne ganz stumpf und morsch werden, abbröckeln, so ist das nutzbare Alter der Thiere vorüber, und sie müssen ausgemerzt werden. Will man sie, in der Hoffnung noch Lämmer davon zu erhalten, länger conserviren, so muß man sie besonders mit weichem Futter verpflegen, womit man sie zuweilen bis zu einem hohen Alter fruchtbar erhält. Die Zähne stehen dann auch nicht mehr dicht geschlossen, sondern haben Lücken; die Oberlippe wird breiter, und hängt über die Unterlippe herüber.

Man muß sich jene Alterbezeichnung nach den Zähnen wohl merken, wenn man mit einem Schäfer spricht, und z. B. vierzähnig nicht mit vierjährig verwechsele.

Sonst wird das junge Schaaf bis zur ersten Einwinterung Lamm genannt, das männliche Bocklamm, Störlamm, Widderlamm, das verschnittene Hammel oder Schöpslamm, das weibliche Mutter-, Zibben-, Zickeln-, Kilberlamm.

Von der ersten bis zur zweiten Einwinterung heißen sie Jährlinge.

Von der zweiten bis zur dritten Einwinterung Erstlinge, weil sie dann in der Regel das erste Lamm gehabt haben; auch Zeitschaaf.

Von der dritten bis zur vierten Einwinterung: Uebererstlinge.

Von der vierten bis zur fünften Einwinterung ist mir kein anderer Name als Sechszähner bekannt.

Von der fünften bis zur sechsten Einwinterung: vollsätzige Schaafe.

Dann nennt man sie Ueberständer, alte Schaafe.

Ein jedes Schaaf heißt in der Schäfersprache auch ein Roß oder ein Ding.

Die im Herbste von der Begattung ausgeschossenen und zur Zuzucht untauglich erklärten heißen Braackvieh; die im Frühjahre ausgesetzten heißen Merzvieh. Wenn diese ausgeschossenen in einen besondern Haufen zusammengebracht werden, so heißt dieser der Stechhaufen, der Schnödchenhaufen, und wenn sie fett gemacht werden sollen, der Fetthaufen.

Ein Falsches oder Anbrüchiges heißt ein Thier, was nicht recht gesund scheint, besonders wenn sich Bleichsucht äußert.

§. 15.

Die Nahrung der Schaafe.

Diese hat nach allen genaueren Beobachtungen keinen Einfluß auf die Feinheit, wenigen auf Elasticität, aber einen sehr entschiedenen auf die Dichtheit, Länge und das Gewicht der Wolle, und, wie sich von selbst versteht, auf die Gesundheit und Vermehrung der Schaafe.

Insbesondere ist eine, in Ansehung der Kraft, gleichmäßige Nahrung zu allen Zeiten (nur in der Säugezeit noch etwas verstärkt) von großer Wichtigkeit. Von einer wechselnden starken und kraftlosen Nahrung haben aufmerksame Beobachter fladdrige, und schwächere (minder nervigte) Wolle bemerkt. Man muß es sich also zur Regel machen, Weide und Fütterung so einzurichten, daß sie durch das ganze Jahr der Stärke möglichst gleich bleiben könne. Das ist sowohl in Hinsicht des Wollertrages, als noch mehr in Hinsicht der Gesundheit der Heerde eine unerläßliche Bedingung. Eine momentane starke Fütterung, woran die Thiere nicht gewöhnt sind, kann sehr üble Wirkung auf sie haben, obwohl die allmählig dazu gewöhnten und dabei erhaltenen Schaafe eine ungemein starke Fütterung sehr gut ertragen, und die Merinos sie immer reichlich bezahlen. Aber sie muß dann auch nachhaltig seyn, und Winter- und Sommernahrung müssen im gerechten Verhältnisse stehen. Wenn z. B. die Weide in der Mitte des Sommers knapp ist, so wird der erste Wuchs der Wolle dünn. Erhalten sie daun eine reichliche

Winterfütterung, so befördert diese die Länge der Wolle sehr, aber sie wird dadurch nicht dicht. Es ist zwar nicht richtig, wie einige gemeint haben, daß nach der Schur alle alte Wolle ausgehe und sich neue erzeuge. Aber manche Zasern sterben ab, und es kommen viele neue hervor, um so mehrere, je besser das Thier in dieser Zeit genährt ist. Daher wohl die Bemerkung, daß in sandigen Gegenden der Pelz nie so kluftig wie in lehmigen sey, indem in diesen die Weide in der heißesten Jahreszeit besser aushält, als in jenen. Bei reichlicher Weide und kärglicher Witterfütterung bemerkt man dagegen zwar dichte, aber kurze Wolle.

Das Verhältniß, worin die Masse der Winterfütterung gegen die Sommernahrung der Schaafe stehet, ist nach der wärmeren und kälteren Natur und Lage der Weide und nach der Jahreswitterung verschieden. Man rechnet in unserm Klima gewöhnlich $\frac{7}{12}$ für den Sommer, und $\frac{5}{12}$ für den Winter, und bestimmt danach den Winterfütterungsbedarf mehrentheils auf 150 Tage. Wenn man einige Ersparung des Futters durch die Winterweide, besonders durch die Saatbehütung, macht, so kommt man in der Regel damit aus. Weil aber bei uns die Frühjahrswitterung so sehr unsicher ist, und man dann mit den Müttern und

Lämmern in die größte Verlegenheit gerathen kann, so sollte man wenigstens auf 170 Tage rechnen. Der Ueberschuß ist nie verloren, wenn eine spätere oder frühere Weide dessen Ersparung erlaubt.

§. 16.

Die Schaafweide.

Man kann die Weide der Schaafe in wilde und in angebaute oder künstliche unterscheiden.

Unter jener verstehen wir die, welche von Natur oder doch ohne besondere auf die Schaafe gerichtete Absicht vorhanden ist; unter dieser aber diejenige, welche man künstlich und absichtlich für die Schaafe zugerichtet oder in Stand gesetzt hat.

Zu ersterer gehört:

a) die wilde Angerweide, mehrentheils an trockenen, hohen und bergigten Stellen;
b) die Holzweide;
c) die Brach- und Stoppelweide;
d) die Vor- und Nachhute auf den Wiesen;
e) die Behutung der Wintersaat.

a) Die Angerweide, welche wegen des vermehrten Aufbruchs immer seltener geworden ist, wird den Schaafen in der Regel nur an den dürrsten und magersten Stellen eingeräumt, da die kräftigeren Plätze dem Rindviehe, welches sich auf jenen nicht nähren kann, vorbehalten bleiben. Man gestattet den Schaafen hier höchstens die Vor- und Nachweide. Wenn erstere früh genug ausgeübt, und die Schaafe dann so zeitig davon genommen werden, daß vier Wochen hingehen, bevor das Rindvieh darauf kommt, so leidet dieses nicht darunter. Vielmehr ist es gut, wenn die Schaafe die früh hervortreibenden Kräuter niederhalten. Ihr Pferch ersetzt es reichlich wieder, was sie davon nehmen, und der dem Rindviehe widrige Geruch desselben verliert sich in dieser Zeit. Wenn auch diese Weide etwas niedrig und feucht wäre, so schadet sie den Schaafen doch im ersten Frühjahr nicht, wenn nur kein stauendes Wasser darauf stehet, und sie nicht zu lange darauf gehalten werden.

Die hohe trockene Weide aber, besonders an Bergen, die ihrer Steilheit oder ihrer seichten auf Felsen ruhenden Ackerkrume wegen nicht beackert werden können, und dem Rindviehe zu wenig Nahrung geben würden, pflegt ausschließlich den Schaafen gewidmet zu seyn. Diese Weide ist ihnen auch am zuträglichsten, und der Grund und Boden kann oft nicht vortheilhafter als mit Schaafen benutzt werden. Es kommen indessen auch auf solchem hohen Boden oft morastige Stellen, Quellgründe und Pfützen vor, oder ziehen sich in den Schluchten zwischen Hügeln und Bergen durch, die den Schaafen höchst gefährlich sind. Alle solche Stellen, wo Wasserpflanzen vegetiren, müssen sorgfältig mit den Schaafen vermieden werden, selbst wenn sie durch Verdunstung im heißesten Sommer trocken geworden sind. Sie werden dann gerade am gefährlichsten, wenn sie mit getrocknetem Schlamm überzogen waren und der morastige Boden mephitische Gase ausdunstet, welche eine die Lebenskraft niederdrückende Eigenschaft haben, und dadurch bei allen Thieren Krankheiten, bei den Menschen Fieber erregen, bei den Schaafen aber oft augenblicklich die schwer zu besiegende Anlage zu der sogenannten Faulkrankheit erzeugen, wovon unten die Rede seyn wird. Die feuchtere Jahreszeit ist es nicht, welche diese Gefahr am meisten mit sich führt, weil die Schaafe dann auf trockenem Grunde zureichende Nahrung finden, und solche Stellen von selbst vermeiden. Wenn aber die Grasung auf jenen verdorret, so treibt sie der Hunger hierher, und die Schäfer sind aus Besorglichkeit, daß sie sonst ganz verhungern möchten, nur zu geneigt, ihnen darin nachzugeben. Die Merinos sind aber unläugbar jener Krankheit weit mehr unterworfen, als die Landschaafe, und es ist daher eine unerläßliche Bedingung zur Erhaltung einer edlen Schäferei, daß man die feuchten Stellen durch Graben- und Wasserfurchen auf solchen Weiden abwässere, oder doch das Wasser in dem Standpunkte erhalte, wo es nicht über seine Gränzen tritt, und die umliegende Gegend verschlammet.

b) Die Holzweide ist nach der Beschaffenheit des Bodens, des Holzes und des dichteren oder raumeren Standes desselben sehr verschieden. Ein sehr räumiges Laubholz kommt den Angerweiden fast gleich. Je mehr es aber bestanden ist, desto schlechter wird die Weide. Wird das Gras durch den dichten Stand der Bäume auch nicht unterdrückt, aber doch ganz beschattet, so ist es auf fruchtbarem Boden oft ansehnlich, aber von geringer Nahrhaftigkeit, und gedeihet dem Viehe wenig. Auch kommen im Holze die morastigen Stellen am häufigsten vor. Unter Nadelholze, die Lerchen ausgenommen, wächst weniges und nur hartes dürres Gras, so daß die Schaafe wenig Nahrung davon haben. Indessen hält man eine solche Abtrift für gesund, und glaubt, daß sie dem Nachtheil der Weide an feuchten Stellen entgegen wirke. Immer ist die geschlossene Holzweide der Wolle höchst nachtheilig, und wird daher von den Besitzern feinwolliger Schäfereien schon aus dieser Ursach vermieden.

c) Die Brachweide giebt in gewöhnlichen Wirthschaften den Schaafen die Hauptnahrung, und mit der Benutzung der Brache sinkt die Benutzung der Schäferei in selbigen. Deshalb sind alle Schäfer und Liebhaber der Schaafe gegen die Wirthschaft ohne Brache, und besonders gegen die allgemeine Einführung derselben auch auf den Bauerfeldern. Man hat es also auch in den meisten Gegenden, wo die Schäferei ein Hauptzweig der Wirthschaft ist, zur Regel und zur Pflicht gemacht, die Brache so lange als möglich unaufgebrochen liegen zu lassen, und dadurch den wahren Zweck der Brache völlig vereitelt.

Diese Brachweide unterscheidet sich in die, welche vor dem ersten Umbruch auf dem Dreesch Statt findet, und in die, welche das auf der Brach- und Wendefurche auskeimende Unkraut und die Grasspitzen geben. Erstere ist bei weitem die ergiebigste, letztere zwar den Schaafen angenehm und gedeihlich, aber wenig nachhaltend, da die feinen Sprossen bald ausgebissen sind. Einige glauben, sie könne leicht nachtheilig werden, besonders bei feuchter Witterung; doch scheint sie mir gefahrlos zu seyn, wenn man nur nicht eine stark ausgegrünte Brache von hungrigen Schaafen zu plötzlich auf einmal abfressen läßt, in welchem Falle sie sich leicht, besonders bei feuchter Witterung übernehmen können.

So lange die Brache unaufgebrochen liegt, haben die Schaafe mehrentheils reichlich zu leben. Dann aber geht in diesen Wirthschaften ihre Hungerzeit an. Die Angerweiden sind nun mehrentheils dürre, weil die meisten Gräser nach der Mitte des Sommers, zu wachsen aufhören. Die Holzweide muß nun der Nothbehelf seyn, und man spart die besseren Stellen gewöhnlich für diese Zeit auf; die Schaafe erhalten aber wenig Kraft davon, und es ist erwünscht, daß man ihnen dann die Lämmer nehmen könne, für die man nun aber irgendwo eine gute Weide ausgesetzt haben muß.

Nach der Ernte tritt die Stoppelweide ein, die, je nachdem sie mehr oder minder krautig und mit abgefallenen Aehren bestreuet ist, stärkere oder schwächere Nahrung giebt.

d) Die Weide auf abgewässerten süßen Wiesen ist für die säugenden Schaafe im Frühjahr die wohlthätigste Nahrung, die man ihnen geben kann. Insbesondere sind die mit Quellwasser berieselten Wiesen, nachdem man sie gehörig trocken gelegt hat, vorzüglich, weil sie früher begrünen und oft schon zu Ende des März ihr Gras hervortreiben. Die Beweidung solcher Wiesen, bei warmer Witterung bis zur Mitte Aprils, bei kalter bis zu Anfange des Mays, ist den Schaafen so wenig als den Wiesen nachtheilig, ungeachtet manche für beide einen großen Nachtheil davon besorgt haben. Sumpfige und saure Wiesen können ihnen aber allerdings auch im Frühjahre schädlich werden. Im Herbst aber ist es selten rathsam und ohne Gefahr, Schaafe auf Wiesen zu lassen, wogegen diese Weide dem Rindvieh sehr gedeihlich ist.

e) Die Behütung einer gut bestockten Winterung unter den bekannten Bedingungen — daß es nur bei trocknem Wetter, im Winter nur auf dem Blachfroste, und im Frühjahr nur auf üppiger Saat und auf Boden, dem man Kraft zutrauen kann, geschehe — ist gewiß solcher Saat unschädlich. Bei einer guten Schaafwirthschaft darf man aber auf diese Winterhutung wenig rechnen; denn sie kann fehlen, und man darf sie immer nur mit großer Mäßigung gebrauchen, die Schaafe nicht zu sehr daran gewöhnen, weil sie sonst das trockene Futter verschmähen und hungern, wenn man ihnen die Saatweide nicht mehr geben kann. Manchen armseeligen Schäfereien ist das zwar ganz gelegen; man freuet sich, daß die Schaafe sich vorher auf einige Tage satt gefressen haben, und daß man nun sein Futter sparen könne. Allein ein solches periodisches Hungern hat, wie oben gesagt, einen sehr nachtheiligen Einfluß auf die Wolle, besonders der Merinos, und noch einen größern auf die Milch und das Gedeihen der Lämmer. Auch kann die schnelle Abwechselung des Futters der Gesundheit sehr nachtheilig werden. Man muß sie daher des Morgens immer erst gut fressen lassen — nicht wie manche thun, mit bloßem Stroh abspeisen — und ihnen dann erst jene Weide sehr mäßig als Leckerbissen zugestehen. Nur wenn man im Frühjahre üppige Saaten hat, denen dieses Schröpfen nichts schadet, und man voraussieht, daß sie damit größtentheils hingehalten werden können, bis andere Weide da ist, so kann man weiter damit gehen. Es ist hierbei besonders nöthig, den Schäfer unter Aufsicht zu halten, und ihm darüber eine genaue Instruktion zu geben, da diese Leute sonst gar gern damit zu weit gehen.

Bei Wirthschaften, welche sich dieser mannigfaltigen Weiden nach Zeit und Umständen wechselnd bedienen müssen, ist eine genaue Kenntniß derselben und ein darauf begründeter Plan, wie sie

nach

nach Jahreszeit und Witterung behütet werden sollen, etwas sehr wesentliches, wenn man sich nicht vom Schäfer abhängig machen will.. Unter solchen Umständen dünken sich die Schäfer viel auf ihre Lokalkenntniß, indem sie wissen, daß andere, welche diese nicht besitzen, großen Schaden anrichten können. Und merken sie, daß der Herr dieses auch anerkenne, so muß alles nach ihren Willen gehen. Es ist also, wenn man Abänderungen in der Schäferei und überhaupt in dem Ganzen der Wirthschaftsverhältnisse machen und sich vom Schäfer independent erhalten will, durchaus nöthig, daß man alle Weiden und Abtriften, besonders auch die auf fremden Boden, worauf man berechtigt ist, zu allen Jahreszeiten und bei verschiedener Witterung, besonders in Ansehung ihrer Nässe und ungesunden Stellen beobachte; wobei man dann zugleich auf die Kraft ihres Graswuchses, auf die Art der Gräser, und endlich auf ihre Lage in Hinsicht der Entfernung vom Hofe, vom Hürdenlager, von der Tränke, Rücksicht nehmen muß. Es ist rathsam, sich dieses alles auf der Stelle anzuzeichnen, und in das Lagerbuch mit Hinweisung auf die Charte einzutragen.

Die Gerechtsamen auf fremden Feldern und Hutungen, ihre Gränzen nnd Zeiten muß man sich insbesondere merken.

Dann wird man seinen Plan über die Benutzung der Weide mit möglichster Sicherheit der Schäferei machen, und bei ungewöhnlicher Witterung nach den Umständen abändern können; nicht weiter abhängig von der Willkühr des Schäfers seyn.

Es muß die vorzüglichste Weide besonders für die Lämmer, die nächst beste für die Zuchtschaafe, die schlechteste für das Geltevieh bestimmt werden.

Unter solchen Umständen hat eine mannigfaltig verschiedene Weide, und folglich ein weit ausgedehntes Revier seine unverkennbaren Vorzüge. Hier können die Heerden von grasreichen, niedrigen Stellen auf trockne magere Anhöhen, selbst in Kiehnenhölzer getrieben werden, um die nachtheiligen Einwirkung jener wieder auszulöschen. Die Schäfer, welche auf ein weites Weiderevier und vieles Umhertreiben der Heerden bestehen, haben in sofern Recht, als dieses hier in dieser, dort in jener Hinsicht fehlerhaft ist.

Etwas anderes aber ist es, wenn man den Schaafen eine angebaute, von allen Schädlichkeiten befreite, kraftvolle, zureichende und mit den gedeihlichsten Kräutern und Gräsern besaamte Weide in nahem Zusammenhange geben kann, und außer diesen die etwanige übrige Weide nur als eine Zugabe — die man gebrauchen kann, ohne darauf zu fußen — betrachtet. Hier reicht ein kleines Revier, worauf die Schaafe beständig bleiben, zu, und giebt ihnen den ganzen Sommer hindurch bei jeder Witterung zureichende Nahrung.

Die Rede ist von besondern Koppeln oder Ackerschlägen, die in der Koppel- Schlag- oder Wechsel- Weide- Wirthschaft zu Grase niedergelegt werden.

Ueber die mannigfaltigen Rotationen, wie sich solche Schläge zu einjährigen, zweijährigen oder dreijährigen Gebrauch anbringen lassen, muß ich auf andere Schriften, besonders auf den ersten Band meiner rationellen Landwirthschaft verweisen.

Die Reichhaltigkeit und Nahrhaftigkeit dieser Weiden wird durch die natürliche Fruchtbarkeit des Bodens, durch den Düngerstand, die davon abgenommenen Ernten, und endlich von den Weidepflanzen, die man darauf gesäet hat, bestimmt.

Nach diesen Umständen können sechs, fünf, vier, drei und mindestens zwei Schaafe auf einen

Morgen ihre zureichende Nahrung finden, wenn auch auf die Nebenweiden, die umgebrochene Braache und die Stoppel, welche man zu benutzen jedoch nicht unterlassen wird, nicht mit gerechnet würde. Indessen ist es, um in trocknen Sommern immer sicher zu gehen, rathsam, etwas größere Weideschläge anzulegen, als man in gewöhnlichen Jahren gebraucht, um dann einen Theil derselben zu Heu machen oder Saamen davon aufnehmen zu können, wenn Miswachs nicht zu ihrem Weidegebrauch nöthigt.

Von der Kraft des Bodens, wie sie modifizirt werde, und welche Wirkung sie auf die Weide habe, zu reden, ist hier nicht der Ort, und ich verweise meine Leser auf den §. 363. u. f., im dritten Bande der Grundsätze der rationellen Landwirthschaft. Der bloße Empiriker kennt gewöhnlich die Kraft des Graswuchses auf seinem Boden. Allein von den vorzüglich zur Schaafweide geeigneten Pflanzen muß ich das Wichtigste beibringen.

Es würde nämlich jetzt unverantwortlich gegen alle Grundsätze der Landwirthschaft seyn, die Berasung eines niedergelegten, einigermaßen kräftigen Bodens der Natur zu überlassen, oder vielmehr dem Zufalle, der die Saamenkörner dahin führt. Gesetzt auch, daß die von selbst entstehenden Pflanzen eben so gut wären, was doch in der Regel der Fall nicht ist, so würde es doch länger damit dauern, und selten im ersten Jahre ein dicht bestandener Weideanger erfolgen. Man säet daher die Weidekräuter unter die letzte Frucht, es sey Winterung oder Sommerung, womit man den Acker niederlegen will.

Das gebräuchlichste ist der weiße kriechende Klee, wovon man nur zwei Pfund Saamen auf den Morgen gebraucht. An kräftigern Stellen mengt man rothen Klee darunter, um auf allen Fall beim Ueberfluß an Weide ihn mähen zu können. Er ist für Schaafe, die nicht Hunger gelitten haben, ganz gefahrlos. Es passen sich ohne Zweifel mehrere Klee- und mit ihm verwandte Pflanzenarten sehr gut hierzu, z. B. der Hopfenklee (Medicago lupulina), der Sichelklee (Medicago falcata), der Alpenklee (Trifolium alpestre), der Erdbeerenklee (Trifolium fragiferum); man muß sich aber ihren Saamen erst anziehen; sie sind wahrscheinlich ausdauernder wie jener. Ein vorzügliches und in Deutschland noch nicht genug bekanntes Weidekraut, besonders für die Schaafe, ist die Pimpinelle (Poterium sanguisorba), welche auch auf den trockensten Boden wächst, im Winter fortgrünt, im ersten Frühjahr treibt, den Schaafen höchst angenehm, und durch ihre aromatische und gelind adstringirende Eigenschaft Heilmittel und Präservativ gegen die gewöhnlichste Krankheit derselben ist. Man sollte es daher immer unter dem Klee mit aussäen. Man kann den Saamen bei allen Gartensämereihändlern erhalten, aber zu theuer, um ihn im Großen auszusäen; man muß ihn bei sich selbst vermehren, indem man ihn in Reihen auf ein mageres Beet im Garten säet.

Unter den Gräsern, die man mit dem weißen Klee aussäet, sind der Schaafschwingel (Festuca ovina) und das englische Raygras (Lolium perenne) ohne Zweifel die angemessensten, weil sie dicht und um so stärker wachsen, je mehr sie niedergehalten werden, auch auf trocknen Boden fortkommen, und hauptsächlich, weil ihr Saamen leicht zu gewinnen ist, nicht schnell ausfällt, sondern nach dem Abmähen und Trocknen abgedroschen werden kann, wie das Getreide. Unter allen bekannten und versuchten Weidegräsern muß man ihnen hier den Vorzug geben, wo von fetten Rindviehweiden nicht die Rede ist. Ich enthalte mich daher mehrere zu nennen, da es für Kenner überflüssig, für andere nur verwirrend seyn würde.

Noch von einem andern sehr gewöhnlichen Kraute, der Schaafgarbe (Achillea millefolium) würde es rathsam seyn, den Saamen aufzunehmen, und ihn auf angebaute Schaafweiden mit zu verbreiten, da es den Schaafen vorzüglich angenehm und gedeihlich ist. Jedoch erfordert es Boden, wenigstens mittlerer Güte und Kraft.

Weiden dieser Art müssen nach der Meinung einiger nicht zugleich behütet werden, sondern man soll sie wenigstens in drei Abtheilungen legen, jede scharf abfressen, dann aber ruhen lassen, bis die Reihe wieder an sie kommt, damit die Pflanzen in der Zeit wieder hinlänglich erstarken können. Andere halten dagegen einen sehr geräumigen Weideplatz für zuträglicher, weil die Schaafe am liebsten im Gehen fressen. Es scheint auf die Gewohnheit anzukommen.

Ein trockener Lehmboden giebt die nachhaltigste natürliche und künstliche Weide. Sie wird aber noch verbessert, wenn er Kalk enthält. Deshalb ist die Mergelung auch in Hinsicht der Schäfereien von großem Nutzen.

Es ist den Weiden, so wie den Schaafen selbst, höchst zuträglich, wenn man diese auch des Nachts darauf läßt, und bei guter Witterung weder in Horden noch in den Stall bringt. Es macht einen auffallenden Unterschied, wenn die Weide auch den nächtlichen Pferch erhält; sie verstärkt sich von Jahr zu Jahr, und beim Umbruch zu Getreide zeigt sich dann die ganze Kraft des Düngers. Der Schaafmist verwittert viel weniger wie der vom Rindvieh, und vertheilt sich gleichmäßiger. Sobald die Schaafe daran gewöhnt sind, ist ihnen der nächtliche Aufenthalt auf der Weide durchaus nicht schädlich, und die Besorglichkeit, welche man gegen den Morgenthau hat, wenn Schaafe des Nachts im Pferch oder im Stallen gelegen haben, fällt hier weg. Sie fressen das nasse Gras nicht, oder es ist ihnen unschädlich und oft wohlthätig. Wo es noch Wölfe giebt, ist es freilich nicht ausführbar.

§. 17.

Die Sommerstallfütterung.

Für und wieder die Sommerstallfütterung der Schaafe ist viel gesagt worden. Manche haben sie versucht, aber bald wieder aufgegeben, worauf andere ihre Unmöglichkeit als erwiesen angenommen haben. Allein der Herr Konferenz-Minister Graf von Einsiedel und der Herr Graf von Schönburg-Roxburg haben, ersterer zu Wolkenburg, letzterer zu Roxburg, den überzeugendsten Gegenbeweis gegeben. Beträchtliche Schäfereien, letztere aus 1800 Stück bestehend, werden hier bis zur Stoppelweide ganz mit grünen Klee und kleeartigen Gewächsen in sehr luftigen und geräumigen Ställen, vor welchen sich überdem ein gestreuter Hürdenplatz befindet, gefüttert, so daß jedes Schaaf täglich 12 bis 15 Pfund grünen Klee erhält. Die Roxburger Schäferei hat sich dabei in Ansehung des Preises der Wolle und der Störe auf die höchste Stufe in Sachsen erhoben, und die Wirthschaft zugleich durch den grossen Düngergewinn in den trefflichsten Stand gesetzt, so daß selbige die Bewunderung aller derer, die sie beobachtet haben, erregt hat.

Andere haben der grünen Fütterung in Horden den Vorzug gegeben; wahrscheinlich aber doch nur in Hinsicht der Ersparung eines besondern Sommerschoppens. Die Bedachung, wenn die Seitenwände größtentheils offen sind, hat unbezweifelte Vorzüge.

Indessen ist es nicht zu verkennen, daß eine solche grüne Stallfütterung eine Sorgfalt und Genauigkeit erfordere, die wenige darauf zu verwenden im Stande sind, daß besonders ihre erste Einführung mit grossen Schwierigkeiten verbunden sey, und daß dabei auf eine bis zum Junius ausreichende Winterfütterung gerechnet werden müsse, weswegen eine häufige Einführung derselben durchaus nicht zu erwarten ist.

Das Tüdern der Schaafe kann nur bei einem kleinen Haufen ausführbar seyn. Man hat aber eine andere Methode, den Schaafen üppiges angesäetes Futter reihenweise abfressen, ohne es von ihnen niedertreten zu lassen, angewandt. Es wird nämlich vor einem Futterfelde eine Reihe von Horden hergeschlagen, deren Zwischenräume das Durchstecken der Köpfe bis an die Brust zulassen. Die Schaafe fressen folglich den zunächst hinter den Horden stehenden Klee oder Wicken ab. Die Hordenreihe wird sodann vorgerückt. Gewiß ein treffliches Hülfsmittel bei knapper Weide! aber doch nicht geeignet, eine ganze Sommerfütterung darauf zu begründen.

Man hat auch nach dem Beispiele der Engländer besondere Grasefelder für die Schaafe angesäet; mit Rocken, Gerste, Hafer zu diesem Behuf, besonders auch mit Winterraps. Es versteht sich aber, daß man mit diesen kräftigen Gewächsen, besonders dem letztern vorsichtig seyn, und die Schaafe allmählig daran gewöhnen müsse, damit sie sich nicht überfressen und aufblähen.

§. 18.

Die Winterfütterung.

Diese besteht gewöhnlich nur aus Heu und Stroh. Was sonst gegeben wird, rechnet man als Zugabe, weswegen es auch Schäfer, die im Gemenge stehen, zu ihrem Antheil gewöhnlich mit bezahlen müssen.

Es ist allgemein anerkannt, daß das für Schaafe geeignete Heu auf trocknen, d h. nicht sumpfigen Wiesen gewachsen, nicht zu alt geworden, möglichst grün erhalten, trocken eingebracht und wohl verwahrt seyn müsse. Das Vorheu hält man für besser, indessen ist das Nachheu, wenn es nur jene Qualitäten hat, keinesweges verwerflich. Dumpfiges schimmlich gewordenes Heu ist ihnen aber entschieden schädlich.

Das Heu von Klee, Luzern, Esparsette, Wikken, Spörgel, Gemenge, Buchweitzen u. s. f. übertrifft, wenn es im gerechten Zeitpunkt gemäht und und trocken eingebracht worden, das Grasheu an Nahrhaftigkeit, und ist den Schafen durchaus unschädlich, indem Schäfereien sich im trefflichsten Stande in solchen Wirthschaften befinden, wo sie kein anderes Heu erhalten.

Das für die Schaafe bestimmte Stroh muß ebenfalls trocken eingebracht, und in den Scheuren nicht dumpfig geworden seyn.

Das Getreidestroh jeder Art ist nur in dem Maaße nahrhaft, als es grünes Unkraut, unreife Aehren und unausgedroschene Körner enthält. Das eigentliche reif gewordene Stroh füllt zwar im Nothfall den Magen, und befördert in Verbindung mit nahrhaftem Futter dessen Verdauung, giebt aber selbst wenige Nahrung, und diese fast nur durch die Knoten. Das Stroh ist daher als Nahrung in der Regel um so schlechter, je besser der Ackerbau ist.

Das Stroh der Hülsenfrüchte, der Erbsen und Bohnen, insbesondere aber der Wicken und Linsen ist nahrhafter. Es macht aber einen großen Unterschied, ob diese Früchte beim Mähen schon völlig abgestorben waren, oder ob sie noch vegetirten, frische Blätter oder gar noch Blüthen hatten, und ob sich dann diese beim Abdreschen noch daran erhalten haben. Im letztern Falle ist auf die Nahrhaftigkeit dieses Strohs viel zu rechnen; indessen ist sie doch keineswegs der des Heues und der grüngemäheten Pflanzen, wie manche thun, gleich zu setzen.

Man hat gewöhnlich 3 Pfund, einige gar nur 2 Pfund, trockenes Futter für ein ausgewachsenes Schaaf täglich angenommen; häufig aber nur ½ Pfund Heu darunter gerechnet, indem man 75 Centner Heu auf 100 Stück Schaafe häufig als zureichend annimmt. Der übrige Nahrungsbedarf soll dann — so sagen sie — durch futtriges Stroh ersetzt werden.

Soll eine Schäferei auf ein solches Futter, ohne daß man ihr durch Körner, durch halb abgedroschene Garben oder andere nährhafte Futterungsmittel Ersatz giebt, beschränkt seyn; so gebe man jeden Gedanken an Veredlung auf, denn in dem Falle ist es wahr, daß man das, was man am Preise der feinen Wolle gewinnt, an der Quantität und auf andere Weise wieder verliere. Wenn das Gewicht der Merino-Wolle dem Gewicht der groben Landwolle gleich kommen oder es noch übertreffen soll, so ist ihnen eine reichliche und wahrhaft nahrhafte Fütterung durchaus nöthig. Diese bezahlt sich dann aber, um so mehr je stärker sie ist, und wenn man den Ertrag der Schäferei, und selbst die Benutzung des Futters aufs höchste treiben will, so muß der Appetit der Thiere der einzige Maaßstab des Futters seyn, es versteht sich unter der oben erwähnten Bedingung des allmähligen Gewöhnens an kräftiges Futter.

Wenn man die nahrhafte Fütterung auf Heu allein begründet, so müssen auf den Kopf mindestens 2 Centner Heu gerechnet werden. Wenn dabei Erbsen- und Sommerungsstroh reichlich gegeben wird, so kann eine Merino-Schäferei gut durchgewintert werden, obgleich eine stärkere Nahrung sich sehr wohl bezahlt, und bei vorzüglichen Schäfereien, wie wir unten hören werden, verwandt wird.

Das Getreide aller Art war bisher die gewöhnliche Beihülfe für geschätzte Schäfereien. Denn es giebt wenige Wirthschaften, deren Heugewinn ausreicht, um die Schaafe im vollkommensten Stande zu erhalten, ihnen Milch genugsam für die Lämmer zu geben, und ihr Fließ zu dem Gewichte von 2½ bis 3 Pfund feiner Wolle zu bringen. Wie weit man mit der Getreidefütterung gegangen, und wie hoch diese in den theuren Jahren zu berechnen sey, erfährt man von Schäfereiliebhabern, die auf Getreidefütterung fußen, selten.

Man giebt ihnen das Getreide in Garben, die gar nicht oder nur halb ausgedroschen worden, (wobei jedoch mit Vorsicht zur Vermeidung des

Uebermaaßes zu verfahren ist) oder man giebt die Körner mit dem Spreu gemengt und etwas angefeuchtet, oder geschroten in Trank oder auf Häcksel gestreuet, oder aber aufgequollen. Auf letztere Weise giebt man besonders die Erbsen, Bohnen und Wicken, die ihnen noch gedeihlicher als eigentliches Getreide seyn sollen. Auch ist ihnen der Buchweizen sehr angenehm. Alle Arten von Körnern sind den Schaafen übrigens gesund, wenn nur die kräftigern, z. B. der Rocken, ihnen nicht plötzlich im Uebermaaße gegeben werden.

Durch eine kräftige Getreidefütterung glauben manche den üblen Einfluß einer ungesunden Weide oder einer nassen Sommerwitterung, wohl gar des verschlammten Heues wieder gut zu machen. Ich kenne aber Fälle, wo es nicht geholfen hat.

So kräftig und zuträglich diese Getreidefütterung ist, so wird sie doch in Jahren, wo das Getreide in gehörigem oder in höherem Preise steht, sehr kostbar. Und wenn es gleich immer rathsamer ist, dieses daran zu wenden, als edlen Schaafen Mangel leiden zu lassen, so läßt sich doch durch den Anbau anderer Fütterungsmittel der Zweck, auch bei unzureichendem Heu die Schaafe im besten Stande zu erhalten, vollkommen und wohlfeiler erreichen.

Dies sind die bekannten Wurzelgewächse aller Art.

In England beruhet der große Schaafstand fast allein auf den Bau der Wasserrüben verschiedener Abart, und man begreift daselbst kaum, wie ohne Rüben eine einträgliche Schäferei existiren könne. Die Rüben werden nur zum Theil, und zwar die größeren vor Winter aufgenommen und aufbewahrt, um sie den Schaafen im strengsten Winter zu geben; der größere Theil bleibt aber im Acker, um sie den Schaafen daselbst im Frühjahre und selbst im Winter bei milderer Witterung ausfressen zu lassen. Sie erfrieren in dem zum Rübenbau geeigneten lehmigen Sandboden, im Julius gesäet, selten, weder in England noch bei uns.

Der Kartoffelbau zu dem Zwecke hat in England sich auch erst in den neueren Zeiten verbreitet. Man hat ihn als vortheilhafter und sicherer anerkannt, aber umständlicher wegen der Einerntung und Aufbewahrung.

In Deutschland sind die Kartoffeln früher und häufiger, als die Rüben zur Winterfutterung der Schaafe benutzt worden.

Unter welchen Verhältnissen und Umständen Kartoffeln, Wasserrüben, Runkeln, Kohlrüben, Pastinaken, Möhren u. s. f. anzubauen, vortheilhafter

hafter sey, kann hier nicht ausgemittelt werden, da die Umstände zu mannigfaltig sind. Aber sie sind sämmtlich für die Schaafe ein vortreffliches und gleich gedeihliches Futter, wenn sie nach Verhältniß ihrer Nahrhaftigkeit gegeben werden.

Neuerlich hat man die Besorgniß geäußert, daß diese Gewächse Schaafen, ihrer wässrigen Bestandtheile und kühlenden Eigenschaft wegen, nachtheilig werden könnten, wenn solche ohnehin eine Anlage zur Bleichsucht und der daraus erfolgenden Fäule oder Wassersucht hätten, und daß in solchem Falle dennoch Körnerfütterung den Vorzug verdiene. Allein bis jetzt scheint das auf eine falsche theoretische Ansicht, nicht auf besondere Erfahrung zu beruhen, und nicht festeren Grund für sich zu haben, wie die Meinung mancher Schäfer, daß man Schaafe vom Saufen möglichst zurückhalten müsse, weil widernatürliches Wasser in ihrem Körper sie krank mache. Jene Gewächse haben eben so nährende, den Organismus stärkende Bestandtheile in sich, wie die Körner. Sie sind freilich mit Wasser vermischt, aber das Wasser ist der Gesundheit wenigstens nicht nachtheiliger, als das rohe Wasser. Genießen sie es in diesen Früchten, so saufen sie um so weniger. Durch dieses mit Schleim gemischte Wasser werden die nährenden Theile um so auflöslicher erhalten. Die Erfahrung hat da, wo die Futterung mit diesen Gewächsen eingeführt ist, durchaus keinen Nachtheil gezeigt. Anbrüchige Schaafe werden sie nicht heilen, aber dieß wird auch keine Körner- oder andere Fütterung thun.

Dagegen hat man die bestimmte Bemerkung gemacht, daß diese Gewächse die Milch stärker vermehren, als Körnerfütterung, und daß die Lämmer vorzüglich gut dabei emporkommen. Dieß läßt sich aus den vielen Eiweiß- und Zuckerstoff, den sie enthalten, und der in dem schleimigen Wasser aufgelöst ist, genug erklären. Auf Erfahrung aber beruhet es! und wo es im Frühjahre nicht an saftigen Futtergewächsen fehlt, da hat man immer Ueberfluß an Milch bei den Müttern und auffallendes Gedeihen der Lämmer beobachtet. So lange diese Futtergewächse reichen, ist keine Noth wegen des sich verspätenden Weidegrases vorhanden; aber wenn sie zu Ende gehen, so muß nahrhafte Weide sie ersetzen können.

Wie stark diese Gewächse gegeben werden müßten und könnten, wenn sie die Nahrung der Schaafe neben Stroh allein ausmachen sollen, davon hat man bei den Merinos noch keine bekannte Erfahrung. Folgendes aber ist diesen Schaafen neben etwas Heu, besonders bei dem Säugen, mit dem besten Erfolge per Stück täglich in zwei Mahlzeiten gegeben werden:

Kartoffeln	. . . . . $1\frac{1}{2}$	Pfund
Runkeln	 2	„
Möhren	 2	„
Kohlrüben oder Rotabaga	$1\frac{1}{2}$	„

Wenn diese verschiedenen Früchte selbst wechselsweise oder vermischt gegeben werden können, wenn insbesondere die mehlreicheren Kartoffeln mit den mehreren Zuckerstoff enthaltenen Wurzeln verbunden werden, so wird die Futterung um so gedeihlicher. Auch muß man nicht plötzlich von einem zum andern übergehen, sondern sie das neue Futtergewächs kennen lehren, und ihren Appetit durch kleinern Portionen dazu reizen, bevor man ihnen vollauf giebt. Sie scheuen sich manchmal für ein ihnen unbekanntes Futter, sobald es aber das eine Thier gefressen hat, folgen die übrigen gleich nach.

Auch hat man Eicheln und Roßkastanien als ein sehr wohlthätiges und stärkendes Futter befunden, ja man will den Ansatz zur Fäule dadurch überwunden haben. Man giebt sie entweder unvorbereitet, oder sie werden einige Tage in Wasser ausgelauget, sodann im Backofen wieder getrocknet, wo sich dann die Schaale ablöset, und ihr barscher Geschmack — woran sich die Schaafe aber auch gewöhnen — verliert. Man hat sie zu ein Pfund täglich auf das Stück gegeben.

In Niederschlesien ist die Laubfütterung der Schaafe gebräuchlich. Es werden nämlich die Zweige der Rüstern, Linden, Pappeln, Ahorn, Eschen und Erlen im Julius am Stamme weggehauen, in Bündeln zusammen gebunden, und wenn die Blätter völlig getrocknet sind, in die Scheuren gebracht, wo sie dann den Schaafen besonders zur Lammzeit gegeben werden. Einige theilen die Bäume, die zur Schaaffütterung bestimmt sind, in drei Schläge, und behauen jährlich einen derselben. Wenn die Blätter abgefressen sind, bedient man sich des Reisigs zum Verbrennen. Einige rühmen diese Fütterung sehr, andere halten sie nur für einen Nothbehelf.

Die Wechselung und die Verhältnisse der verschiedenen Fütterungsmittel richten sich nach der Lokalität. Hier die Fütterungssätze einiger vorzüglichen Schäfereien:

In den Eckardsdorfschen Schäfereien des Hrn. Grafen von Magnis bekamen hundert Mutterschafe:

1stes Futter Morgens um 6 Uhr 1 schlesischen Schfl. 9 Metzen Kleeheu, $2\frac{3}{4}$ Schfl. Strohhäcksel wiegen . . . . 69 Pfd.
2tes Futter Morgens um 10 Uhr dasselbe 69 =
3tes = Mittags um 1 Uhr Kleeheu 100 =
4tes = Nachmittags 4 Uhr Kartoffeln 12 Metzen und Strohhäcksel 144 =
5tes Futter Abends Ueberkehr . . . 75 =

457 Pfd.

beträgt auf den Kopf $4\frac{1}{2}$ Pfd.

125 Störlämmer bekamen:

1stes Futter 2 Schfl. Kleeheu, 2 Schfl. Strohhäcksel . . . . 80 Pfd.
2tes Futter dasselbe . . . . 80 =
3tes = ungeschnittenes Heu . . 62 =
4tes = 12 Metzen Kartoffeln mit 3 Schfl. Strohhäcksel . . . . . 168 =
5tes Futter Ueberkehr . . . . . . 92 =

482 Pfd.

beträgt auf den Kopf $3\frac{5}{6}$ Pfd.

181 Zibbenlämmer bekamen:

1stes Futter $2\frac{3}{4}$ Schfl. Klee, $4\frac{1}{4}$ Schfl. Strohhäckfel	112 Pfd.
2tes Futter dasselbe	112 =
3tes = 90 Pfd. Kleeheu . . .	90 =
4tes = $1\frac{1}{8}$ Scheffel Wurzelwerk, $4\frac{1}{4}$ Schfl. Strohhäckfel . . .	240
5tes Futter Ueberkehr	136 =
	690 Pfd.

beträgt auf den Kopf $3\frac{3}{4}$ Pfd.

Nach dem verschiedenen Futtergewinn in jedem Jahre wird zwar die Fütterung verschieden eingerichtet. Jedoch bleibt im Ganzen das Verhältniß gleich, und ein nahrhaftes Futter wird durch das andere ersetzt.

Die Königlich Sächsische Stammschäferei zu Rennersdorf im Thiergarten gab auf 400 Schaafe und Zuchtböre täglich 10 Centner Heu in 2 Mahlzeiten, also auf das Stück täglich $2\frac{1}{2}$ Pfund. Dabei eine Mahlzeit gutes Gersten- und Erbsenstroh. Und während der Lammzeit erhalten die Mütter täglich $\frac{1}{2}$ Berliner Scheffel Hafer. Die Lämmer erhalten, bis sie auf die Weide gehen, gequollene Wicken und Erbsen, im Herbste und Frühjahr Oelkuchen-Mehl im Trank.

In Dröschkau, einem von Heinitzischen Gute, und zu Dahlen, einem Gräflich Bünauschen Gute, werden sie auf gleiche Weise gefüttert.

In den Fürstlich und Gräflich Schönburgschen Schäfereien zu Waldenburg, Remissa und Roxburg bekommen sie zwei Mahlzeiten Heu, auf's Stück reichlich 2½ Pfund im Durchschnitt, eine Mahlzeit Rübsen-, Erbsen- und Gerstenstroh; das Heu wird ihnen aber zum Theil durch Kartoffeln ersetzt, die man allem frischen Futter vorzieht, und wovon man 5 Pfund 2 Pfund Heu gleich rechnet.

So wie zu Eckardsdorf hält man in vielen Schäfereien das Schneiden des Strohes mit Heu unter einander für rathsam. Daß es Futter ersparend sey, hat keinen Zweifel, indem die Schaafe dadurch mehr Stroh zu fressen genöthigt werden. Ob es aber vortheilhaft sey, scheint mir noch zweifelhaft, indem durch das Schneiden der Nahrhaftigkeit, zumal bei wiederkäuenden Thieren, nichts zugesetzt werden kann. Wenn man dagegen das Stroh dem Viehe lang in Rauffen vorlegt, wird es die darin steckenden nahrhaften Theile am besten heraussuchen. In den übrigen sind wenig wahrhaft nährende Substanzen vorhanden, und man bedient sich dessen dann zum Einstreuen in dem

Schaafstalle selbst, oder im Rindviehstalle. Auf keine Weise scheint es mir rathsam, das geschnittene Wurzelwerk mit Strohhäckfel zu vermengen. Das Vieh sucht jenes heraus, und läßt dieses liegen. Dagegen kauet das Vieh, nachdem es Wurzelwerk gefressen hat, sehr gern Stroh, wenn man es ihm lang vorlegt. Auch scheint mir das sehr feine Zerschneiden der Wurzelgewächse in Streifen und Würfeln, welches erforderlich ist, um es mit dem Häckel zu mengen, nicht rathsam, indem es in dem Zustande leichter als in großen Stücken oder Scheiben säuert und verdirbt.

§. 19.

Das Salzlecken.

Natur und Erfahrung lehren, daß das Salz allem Vieh, insbesondere aber den Schaafen, zuweilen nützlich sey. Der Instinkt treibt letztere zu gewissen Zeiten unverkennbar zum Salzlecken an, wo sie es nur auffinden können; zu anderer Zeit dagegen machen sie sich nichts daraus. Diesen Instinkt muß man beachten, und ihnen Gelegenheit geben, ihn zu befriedigen, wenn er sich zeigt. Einige aber, von dem Nutzen des Salzes überzeugt, haben geglaubt, des Guten nicht zu viel thun zu können, und die Schaafe gezwungen,

Salz zu fressen, indem sie es, wenigstens zu bestimmten Zeiten, auf das Futter streuten. Dies ist wo nicht schädlich, doch gewiß ganz unnütz.

Die beste Methode, wo man Steinsalz haben kann, ist ohne Zweifel die, daß man Stucke davon im Stalle von Zeit zu Zeit aufhängt, so daß die Thiere, welche Neigung dazu haben, nach Gefallen daran lecken können. Wo man dieses nicht hat, macht man aus gesottenem aufgelöstem Salze und Mehl Kuchen, die man im Backofen bäckt, und sie ihnen dann ebenfalls aufhängt oder in die Krippen legt. Oder man macht aus angefeuchtetem Salze, bittern und aromatischen Kräutern: Wermuth, Bitterklee, Gentiana, Cardobenedicten, Raute, Melisse, Thymian, Mairan u. s. f., Salzlecken in einem hölzernen Napfe, und setzt ihnen diese hin. Das Salz muß als eine Arzenei, nicht als ein Nahrungsmittel bei den Thieren angesehen werden, woran man sie nicht gewöhnen soll. Indessen könnte es auch Schaafen, die einmal daran gewöhnt sind, und die man anfangs zum Salzfressen gezwungen hat, nachtheilig werden, wenn man auf einmahl damit aufhörte.

Man pflegt in den Schäfereien auf den Kopf jährlich 2 Pfund Salz zu rechnen. Ich glaube, man wird mit 1 Pfund eben so gut auskommen, und der hohe Preis des Salzes lehrt damit sparsam seyn.

§. 20.

Das Tränken der Schaafe.

Es herrschte noch vor kurzen das Vorurtheil, und hat sich vielleicht hier und da noch erhalten, daß das Saufen den Schaafen nachtheilig sey, und daß man sie so selten und so sparsam wie möglich dazu lassen müsse. Hieraus erfolgte dann wirklich das, was man besorgte und verhüten wollte: die Schaafe soffen sich krank, weil sie sich nach erlittenem Durste übernahmen, oder bei der ersten Gelegenheit auf sumpfiges Wasser herfielen, weil man ihnen das reine versagte. Wenn man dagegen den Schaafen täglich Gelegenheit giebt, ihren Durst in frischem reinen Wasser zu löschen, so wird das nie geschehen. Im Sommer bei frischer Weide und grüner Fütterung saufen sie wenig, und so auch, wenn sie im Winter saftige Fütterung erhalten. Bei trockener ist es ihnen unumgänglich nöthig. Im Winter fressen sie gern Schnee statt zu saufen, und das bekommt ihnen nicht übel.

§. 21.

Der Schaafstall und über die Durchwinterung im Freien.

Das Schaaf hat sich unter allen Hausthieren der widernatürlichsten Behandlung unterwerfen müssen. Es ist von der Natur durch seinen dichten Pelz gegen die Kälte hinlänglich verwahrt, leidet aber sehr von der Hitze. Frische reine Luft und Licht sind seine Elemente, und freie Bewegung sein Instinkt. Aber, damit es nicht erfrieren möge, hat man es eine geraume Zeit im Jahre in enge, finstere und dumpfige Ställe eingesperrt; seine Ausdünstung, die ohnehin sehr stark ist, hat man bis zu widernatürlichen Schweißen getrieben, und die dadurch entstehenden mephitischen Dünste auf das sorgfältigste eingesperrt; die respirable, stärkende Luft aber möglichst abgehalten. Bei dem widernatürlichen Zustande, worin man es durch diese Behandlung versetzte, bewirkte man dann, daß die ihm sonst so zuträgliche frische und kalte Luft, die man doch nicht abhalten konnte, der plötzlichen Veränderung wegen wirklich nachtheilig wurde. Das geschwächte, krank gemachte Thier konnte nun nicht mehr ertragen, was seinem na türlichen Zustande angemessen war.

Jetzt haben alle verständige Beobachter der Schaafe sich überzeugt, daß die Gesundheit derselben durchaus luftige, geräumige und vieles Licht zulassende Ställe erfordere, und daß dagegen die Temperatur nur sehr geringe zu seyn brauche. Nur in der Lammzeit sucht man das Eindringen des Frostes, so viel ohne Sperrung der Luft möglich ist, zu verhüten, oder doch einen Platz, wohin man die neugebornen Lämmer bringt, bis sie trocken geworden sind, über den Gefrierpunkt zu erhalten. Sonst ist man überzeugt, daß eine Temperatur beträchtlich unter dem Gefrierpunkte den gut genährten, einschürigen Schaafen durchaus unschädlich sey, wenn sie anders fortdauernd kühl und luftig, und nicht bis dahin im Schwitzkasten erhalten worden. Denn im letzteren Falle wird ihnen die plötzliche Einwirkung der Kälte allerdings nachtheilig, und diese Bemerkung ist es wohl, was den Glauben an die warmen Schaafställe so lange erhalten hat, ungeachtet diese selbst die Ursach der Verkältung waren.

Ueberzeugt von der unnachtheiligen Wirkung der Kälte haben mehrere auch in unserem Klima den Gedanken gehabt und ausgeführt: die Schaafe entweder ganz im Freien, in unbedeckten Horden, oder unter bedachten aber an den Seiten offenen

Schoppen durchzuwintern. Man führt dafür den allgemeinen Gebrauch in England und Schottland an, wo man nicht daran denkt, ein Schaaf im Winter in den Stall zu nehmen, so wenig bei den eingebohrnen Racen, als bei den eingeführten Merinos. Was man darauf in Rücksicht des wärmeren englischen Klima's erwiedert, hat in der That keinen Grund: denn dieses findet nur in dem südlichen und westlichen Theile Englands, keinesweges im nördlichen und östlichen, und noch weniger in Schottland statt. Und wo auch das Klima in der Regel milder ist, da steigt doch die Kälte in einzelnen Jahren zu einer selbst bei uns ungewöhnlichen Höhe von 21 Grad unter 0, wie in den Wintern von 1788 und 1794, wo ich dennoch nirgends Bemerkungen über den unmittelbaren nachtheiligen Einfluß der Kälte auf die Schaafe selbst, wohl aber über den mittelbaren durch das Erfrieren der Turnips auf dem Felde gefunden habe. Von den Schaafen dagegen, die in dem Schottischen Hochlande, so wie in Schweden und Norwegen, im halbwilden Zustande den Winter, selbst ohne gefüttert zu werden, aushalten, kann man für unsere Schaafe keine Regel hernehmen, weil es ganz verschiedene Racen sind. Bei der englischen Schaafhaltung muß man aber wohl erwägen, daß hier überall keine Einsperrung statt finde, sondern daß die Schaafe entweder auf den befriedigten Koppeln frei herum laufen und daselbst gefüttert werden, oder auf den Hof kommen und offene Schoppen finden, um sich nach Gefallen zu verbergen; eine Einrichtung, die nach unsern Wirthschaftsverhältnissen durchaus nicht Statt finden kann. Diese beständige freie Bewegung wirkt aber dem nachtheiligen Einflusse der Witterung entgegen, nnd erhält die vollen Kräfte der Natur.

Allein es ist auch das glückliche Resultat verschiedener Versuche, welche in unserm Klima mit der Durchwinterung in offenen Schoppen oder in Horden, die nur an den kältesten Seiten gedeckt waren, angesteckt sind, nicht zu leugnen. Unter diesen Versuchen ist der des Herrn v. Trembicki zu Lomna bei Warschau am merkwürdigsten, am genausten beschrieben und untersucht. (Annalen des Ackerbaues 1805. I. 721.) Die Richtigkeit der daselbst angegebenen Thatsachen ist mir nicht nur von mehreren Augenzeugen bestätigt, sondern die Sache ist auch officiell von einer Kommission der damaligen Wärschauer Kammer mit großem Mißtrauen untersucht, und man hat durch Abhörung der Leute, wozu man vermuthlich mit Absicht die Zeit der Abwesenheit des Herrn v. Trembicki wählte, nichts Bedenkliches gegen die Sache herausbringen können, als daß die Schaafe eine für dortige Gegenden ungewöhnlich starke Fütterung, und die im Freien gehaltenen wahrscheinlich eine noch stärkere als die zum Vergleich im Stalle gehaltenen bekämen; welches letztere jedoch Herr von Trembicki durchaus leugnet, und es nur für eine, seinen Leuten abgepreßte Aussage erklärt.

Ein anderer neuerer Versuch mit sehr glücklichem Resultate findet sich in den Annalen 1810. I. 450.

Gegen die Möglichkeit dieser Durchwinterung im Freien oder in offenen Schoppen läßt sich, meiner Ueberzeugung nach, unter den gehörigen Bedingungen nichts sagen. Dessen ungeachtet aber sind die Vortheile eines geräumigen, luftigen und hellen Stalles mit großen, nur bei der strengsten Kälte zu verschließenden Thüren und einem freien umzäunten Platze vor demselben überwiegend; nach den Gründen, welche unser, um die edle Schaafzucht so hochverdienter Herzog von Hollstein-Beck in den Annalen 1809. I. 83. dafür angegeben hat. Daß ein hoher Grad der Kälte den alten Schaafen nicht schade, wenn sie allmählig dazu gewöhnt, reichlich gefüttert werden, und Raum genug zu freier Bewegung haben, davon bin ich überzeugt. Aber die neugebohrnen Lämmer! Diese müssen doch wohl durchaus erst in der späten, für Frost völlig gesicherten Jahreszeit kommen, wenn sie nicht der Gefahr des Verklammens ausgesetzt seyn sollen; und diese späten Lämmer stehen dann den frühen in so mancher Rücksicht nach.

Daß aber bei regnigter Witterung den Schaafen ein Obdach zuträglicher sey, daß Beregnung, Beschneiung, Gefrieren des Futters manche Nachtheile habe, ferner daß eine ungemein starke Einstreuung des Hordenhofes bei Regen und Schnee erforderlich sey, und endlich, daß der Mist in seiner Qualität gegen den Stallmist sehr verlieren werde; spricht m. E. entschieden zu Gunsten der Ställe, indem diese so eingerichtet seyn können, daß sie alle Vortheile der freien Haltung der Schaafe gewähren, und doch die zu besorgenden Nachtheile und Gefahren verhüten.

Beim Mangel des Stallraums wird man jedoch die Haltung im Freien bei den Hammeln und Jährlingen zuerst versuchen können, und dabei sicher gehen.

Die Bauart der Schaafställe kann mannigfaltig seyn, in Ansehung der Form und der

Mate-

Materialien; ihre Beschreibung gehört nicht hierher.

Das Vollständigste darüber findet man in Gilly's Handbuch der Landbaukunst, 3ter Theil; herausgegeben von Friederici, Halle, 1811 (einem für den Landwirth trefflichen Werke).

Einen trocknen Grund auszuwählen, der auch bei Wasserfluthen nicht leiden kann, sey die erste Vorsicht. Er muß bis unter den Balken wenigstens 12 Fuß Höhe haben, Licht und Luft zulassen, durch Fenster oder mit Laden zu verschließende Oeffnungen, und durch große Thorwege an der Südseite, die außer der strengen Kälte gar nicht oder nur mit Gatterthoren verschlossen werden. Jedes eingewinterte Schaaf im Durchschnitt muß wenigstens 8 Quadratfuß Raum haben, auf die Mütter muß man aber 10 Fuß rechnen. Der Boden über den Balken muß dicht geschlossen seyn, damit der Dunst weder in das darauf gebrachte Futter ziehe, noch der Staub von diesem den Schaafen auf den Pelz falle.

Bei großen Schäfereien ist es rathsam für jede Art des Viehes einen besonderen Stall oder doch völlig abgeschorene Abtheilungen zu haben: für die Mütter, für die Jährlinge, für die Hammel, und besonders für die Störe.

§. 22.

Die Rauffen.

Diese sind ein wesentliches Bedürfniß in einem Schaafstalle, und die alte Methode, das Futter den Schaafen auf der Erde vorzuwerfen, wodurch es verunreinigt und verwüstet wird, ist allgemein als nachtheilig anerkannt.

Die Form dieser Rauffen ist mannigfaltig angegeben. Unter allen aber scheint mir die folgende Konstruktion die zweckmäßigste zu seyn, und die Forderungen, die man an selbige zu machen hat, am besten zu erfüllen.

Auf drei untergesetzte Böcke ruhet ein Brett von etwa 16 Zoll Breite, welches mit einer 2 Zoll hohen Leiste eingefaßt ist. Dieses Brett dient zum Auffangen des auffallenden Heusaamens, und um Körner oder Wurzelwerk darauf zu verfüttern.

Auf dieses Brett werden die doppelten mit einander verbundenen Raufen gesetzt. Diese stehen unten ungefähr 12 Zoll, oben aber nur 9 Zoll auseinander, so daß sie sich schräg nach innen neigen, daß also bei dem Herausziehen des Futters den Schaafen nichts in den Pelz falle, und sie bei dieser Stellung auch nicht wohl eines dem andern über den Kopf wegfressen, noch weniger aber auf die Rauffen auffspringen, und darauf herumlaufen können, was bei den oben weiter abstehenden Rauffen nur durch übergelegte Deckel zu verhindern ist.

Diese doppelte Rauffe kann nun in die Höhe gehoben und erhalten werden, mittelst der auf jeder Seite stehenden Pfosten. An diese wird nämlich die Raufe mittelst durchgestochener Pflöcke aufgehangen; so daß sie genugsam über das untere Brett oder Krippe erhoben wird, wenn darauf Körner oder Wurzelwerk gegeben werden soll.

Diese Rauffen können dann mit ihrem Gestelle bis auf die feststehenden Pfosten weggenommen werden, wenn ausgemistet werden soll, oder man kann sie höher stellen, wenn der Mist sich auf dem Boden anhäust.

§. 24.

Der Vorhof.

Ein umzäunter mit Bäumen umgebener trockner Vorhof an der Südseite des Stalles, in welchem die Schaafe nach ihrem Gefallen umherlaufen und in den Stall aus- und eingehen können, ist ein zu ihrer Gesundheit wesentliches Erforderniß. Er muß durch Einstreuung trocken und rein erhalten werden. Wenn es mit Sicherheit von außen geschehen kann, läßt man sie auch des Nachts darin seyn, wenn sie wollen. Auch können sie bei trockener Witterung darin gefuttert werden. Beim Auflegen des Futters im Stalle treibt man sie in diesen Hof, um sie nicht zu bestauben.

Vorzüglich ist indessen die Einrichtung eines in der Mitte von einer Giebelseite zur andern durchschornen Stalles, dessen eine nördliche Hälfte mit Wänden umgeben, dessen andere südliche aber nur auf Pfeilern ruhet und an drei Seiten offen ist. Beide stehen durch ein oder mehrere Thore in Kommunikation, und die Schaafe können sich in den verschlossenen oder offenen Theil hinbegeben, wie sie wollen. Bei milderer Witterung werden sie in dem offenen gefuttert. Eine Einrichtung, die der Durchlauchtigste Herzog von Hollstein Beck in seinem Versuche über die spanische Schaafzucht in Preußen 1800 beschreibt und abbildet, und die nichts wider sich hat, als daß doch das Gebälke und der Boden doppelt so groß als bei einem einfachen Stalle seyn muß, folglich kostbar ist.

Auch hat Herr Prof. Sturm in Jena den Vorschlag gethan, nur an der Nordseite eine volle Wand aufzuführen, an den andern Seiten aber nur Pfeiler, zwischen welchen Bretter nach Gefallen eingeschoben und herausgenommen werden können, um den Stall nach Gefallen mehr oder weniger zu verschließen oder zum offenen Schoppen zu machen.

§. 25.

Der Hordenschlag.

Dessen Einrichtung ich als bekannt annehmen kann, ist in solchen Fällen, wo man sehr abgelegene oder bergigte mit den Düngerwagen schwer zu erreichende Felder zu düngen hat, und besonders wenn die Schaafweide in deren Nachbarschaft, dagegen vom Wirthschaftshofe sehr entfernt liegt, so wie auch da, wo es an genugsamer Einstreuung für die Sommernächte fehlt, eine so bequeme Einrichtung, daß man ihn in solchen Fällen ohne Zweifel beibehalten oder einführen muß. Den Schaafen an sich aber ist dieses widernatürliche nächtliche Einsperren in einem sehr engen offenen Raum, wo sie oft ungestüme Witterung befällt, keinesweges vortheilhaft, sondern kann ihnen Krankheiten zuziehen. Es giebt Schaafarten, die es durchaus nicht ertragen, obwohl sie bei freier Bewegung sehr gut die Nacht außer dem Stalle zubringen; jedoch gehören die Merinos nicht zu diesen Arten. Ferner ist es immer mit Verunreinigung der Wolle verbunden, wenn die Schaafe auf dem gepflügten nassen Boden liegen.

Deshalb ist das Horden von vielen Besitzern edler Schäfereien durchaus verworfen. In Hinsicht der Düngung ist die Wirkung des Hordenschlags auf die erste Frucht, wegen der schnellen Auflöslichkeit des Pferchdüngers, groß, und was allerdings in Betracht kommt, sie erfolgt oder giebt ihr Produkt in der Regel ein Jahr früher als der Stalldünger. Dagegen ist das Ganze der Wirkung, vermöge der zweckmäßigen Verbindung mit der Einstreuung, ohne allen Zweifel bei dem Stalldünger größer.

§. 26.

Bestand einer Schäferei.

Eine vollständige Schäferei bestehet, falls die verschiedenen Haufen nicht etwa auf verschiedenen Vorwerken gehalten werden (was bei großen Schäfereien und auf großen Gütern oft rathsam ist):

1) aus dem Mutterhaufen;
2) aus dem Hammelhaufen, wobei gewöhnlich die Böcke sind;
3) aus dem Jährlingshaufen;
4) aus dem Lämmerhaufen, der aber nur im Sommer abgesondert zu seyn pflegt, indem bei der Einwinterung die Lämmer vom vorigen Winter zu den Jährlingen kommen;

5) aus dem Fetthaufen, wenn man sich mit Mastung oder Fettwerden derselben befaßt.

1) Im Mutterhaufen werden die Schaafe nach dem Alter unterschieden und so in das Register eingetragen. Es giebt folglich darin:

a) alte oder übersätzige Schaafe;

b) vollsätzige oder Achtschaufler;

c) Sechsschaufler;

d) Vierschaufler oder Zeitschaafe.

Bei der Einwinterung werden sie nun schon in die Klasse gestellt, in welche sie genau genommen, ihrem Alter und Zahnen nach, erst im künftigen Sommer kommen sollen. Die Lämmer nämlich, welche im Winter 1809 zur Welt kommen, sind schon als Jährlinge im Herbste eingezählt, und als solche durch den Winter von 180$\frac{9}{10}$ gebracht worden. In den Winter von 180$\frac{10}{11}$ werden sie nun — wenigstens geschieht dies in der Regel — als solche, die bedeckt werden sollen, oder als Vierschaufler eingebracht, obwohl sie wirklich erst mit zwei Zähnen gewechselt haben. Und so verhält es sich dann auch mit den übrigen Klassen. Ueberdem aber werden bei einer progressiven Schäferei die Mütter nach ihren verschiedenen Generationen, die durch ihre Zeichen erkannt werden, unterschieden und in das Register eingetragen: die völlig edlen, die 5ter, 4ter, 3ter, 2ter und 1ster Generation. Man zeichnet also z. B. an:

Uebersätzige Schaafe

Edle	10	Stück
5ter Generation	8	=

Vollsätzige Schaafe

Edle	20	=
5ter Generation	40	=
4ter =	60	=
3ter =	60	=
2ter =	40	=
1ster =	20	=

Auf eben die Weise die Sechs- und Vierzähner.

Die Abzählung und Musterung der Schaafe wird in der Regel jährlich dreimal vorgenommen:

1) bei der Einwinterung, wobei das Brackvieh ausgeschlossen wird;

2) im Frühjahr, wenn die Winterfutterung größtentheils aufhört, wobei das nach der Schur auszuschießende Märzvieh bestimmt wird;

3) bei der Schur.

Es wird also auch das Register dreimal angefertigt, oder die Stückzahl jedes Haufens und jeder Klasse angezeigt. Einige halten monatlich eine solche Uebersicht. Dies ist jedoch nicht nöthig, wenn nur monatlich oder wöchentlich jede bei der Schäferei vorgefallene Veränderung, jeder Abgang oder Zuwachs notirt wird.

Der Winterbestand einer Schäferei wird für den permanenten angenommen. Im Sommer hat sich durch die Lämmer die Zahl immer vermehrt; sie kommt dann aber durch den Abgang und die Ausmerzung des Viehes bei der Einwinterung zu ihrem bestimmten Bestande zurück. Bei einer Schäferei von 1000 Stück über Winter muß wenigstens auf 1300 Stück Weide vorhanden seyn.

§. 27.

Der Schäfer.

Bei einer großen Schäferei unterscheidet man den Schaafmeister, welcher die Aufsicht über das Ganze führt, und den man dafür verantwortlich macht; den Meister- oder Schaafknecht, welcher die Mutterschaafe besorgt, den Hammelknecht, den Jährlingsknecht, den Lämmerknecht oder Jungen.

Die Schäfer wollen unter sich in den meisten Ländern eine Zunft ausmachen, die aber meines Wissens nirgends ein exclusives Privilegium hat. Sie nennen sich gelernte Schäfer, und müssen ihre Stufen vom Lehrjungen zum Gesellen und zum Meister durchgehen, sich den Handwerksgebräuchen unterwerfen, wenn sie zunftmäßig seyn wollen.

Diese Schäfer sind aber größtentheils nicht belehrt, sondern nur abgerichtet. Sie sind voll von Vorurtheilen und Aberglauben, und bestehen auf die ihnen eingeprägten Meinungen mit Hartnäckigkeit und mit dem gewöhnlichen Handwerksstolze. Ihr Sinn ist verstockt gegen die augenscheinlichsten Wahrheiten. Sie hangen unter einander zusammen, und suchen gewisse Prätensionen geltend zu machen; vereinigen sich gegen dasjenige Mitglied ihrer Zunft, welches darin nachgiebt, verheimlichen und bemänteln die Fehler und Unterschleife, sogenannte Kaffeleien, welcher einer von ihnen macht, und richten ihre Aussagen nach dem Zunftgeiste ein. Allerdings giebt es Ausnahmen, und es finden sich unter den gelernten Schäfern sehr verständige und rechtliche Leute, die dann, weil sie von Kindheit an — denn häufig vererbt sich dieser Stand — mit Schaafen umgegangen sind, eine Vorliebe dafür bekommen haben, auch physisch an die Lebensart eines Schäfers gewöhnt sind, Vorzüge vor andern, sonst richtig belehrten Schäfern haben können. Ein verständiger Schäfer kann ein gelernter Schäfer seyn, aber ein gelernter Schäfer ist darum kein verständiger. In Ländern, wo ein Unterschied zwischen Rein- und Schmierschäferei gemacht wird, ist es ein sicheres Merkmal der Untauglichkeit eines Schäfers, wenn er auf diesen Unterschied hält, keine Kenntniß von der Natur der Räude hat, die äußern Mittel dagegen nicht kennt, und gegen deren fleißige Anwendung, weil er ein reiner Schäfer sey, Widerwillen bezeugt. Wenn er hierin aber unterrichtet und willig ist, so kann man schon mehreres Zutrauen zu ihm fassen.

Man hat schon oft den Vorschlag, Schäferschulen zu errichten, gethan, und er ist auch wirklich ausgeführt. Diese Institute sind aber zu klein und zu selten, um uns genugsam mit wirklich unterrichteten Schäfern zu versorgen. Es bleibt also, wo die Zunftschäfer nicht taugen, häufig kein anderes Mittel übrig, als einen dazu tauglichen jungen Menschen entweder selbst anzuziehen, oder ihn in einer musterhaft betriebenen Schäferei anlernen zu lassen.

Vormals bestand die Lohnung der Schäfer, außer Deputat, hauptsächlich darin, daß sie ihr eigenes Vieh nach einer gewissen Proportion in die Heerde brachten, und dasselbe ausschließlich benutzten; man nannte das Satzschäferei im eigentlichen Verstande. Die großen Nachtheile dieser Einrichtung waren längst anerkannt, ohne daß man sich davon losmachen konnte, weil die Zunftschäfer, die den höchsten Vortheil davon hatten, sich weigerten, auf eine andere Weise zu dienen. Sie ist deshalb in den Preußischen Staaten durchaus verboten, und den Schäfereibesitzern bei nahmhafter Strafe untersagt worden; dem sich dann die Schäfer zu unterwerfen gezwungen waren.

In die Stelle dieser Einrichtung hat man eine andere gesetzt, wo der Schäfer zwar kein besonderes Vieh hält, aber dennoch einen bestimmten Antheil an der Heerde hat, den er bei seinem Antritt nach der Taxe baar bezahlt, in dieser Proportion die Nutzung genießt, und den er nach demselben Verhältnisse bei seinem Abgange, zufolge einer abermaligen Taxation der Heerde, wieder bezahlt erhält. Hierbei wird freilich vieles vermieden, was bei dem besonderen Schäfervieh höchst nachtheilig war, und es wird ihr Vortheil mit dem Vortheile des Ganzen verschmolzen. Aber wo eine progressive Veredlung der Heerde bezweckt wird, hat auch diese Einrichtung viel Unangenehmes, indem der Schäfer den erforderlichen Aufwand zu seinem Antheile nicht wird übernehmen wollen oder können, man überhaupt in neuen Einrichtungen von ihm abhängig ist, oder wenigstens seine Unzufriedenheit verspürt, und die verschiedenen Taxationen beim Antritte und Abgange weitläuftig sind, und mehrentheils zum Nachtheil des Besitzers ausfallen.

Es ist deshalb rathsamer, keinen Einkauf zu verlangen, sondern dem Schäfer nur eine Quote vom Ertrage der Schäferei zu bestimmen, die denn natürlich geringer ist, als wenn er sich wirklich eingekauft hatte. Die außerordentlichen Kosten, die bei der Schäferei vorfallen, das Kornfutter, das Salz bezahlt dann der Schäfer zu seinem Antheile mit, und gewöhnlich wird nur Heu und Stroh nebst Weide von dem Eigenthümer allein gegeben. Hierdurch wird dennoch das Interesse des Schäfers mit dem des Herrn verbunden, ungeachtet dieser alleiniger Eigenthümer der Heerde bleibt.

Wer aber selbst eine genaue Aufsicht über seine Schäferei führen, und sich die Schäfer anziehen will, der wird sich bei Lohnknechten am besten stehen, die er jedoch gut setzen muß. Ihnen einige Emolumente zukommen zu lassen, bleibt immer rathsam, um durch ihr Interesse ihre Aufmerksamkeit mehr zu erregen, und sie auf besondere Punkte zu richten. So ist es, besonders bei einer edlen und progressiven Schäferei, zweckmäßig, ihnen für jedes zur Einwinterug kommende Lamm etwas zuzusichern, indem das Aufkommen der Lämmer vorzüglich von der Aufmerksamkeit und dem Fleiße des Schäfers abhängt.

Eine richtige Ablieferung und Untersuchung der Sterbefelle ist zur Kontrollirung der Schäfer besonders nöthig. Das Ohrenzeichen muß nachgesehen werden, damit nicht etwa ein edles Lamm gegen ein schlechteres ausgetauscht werden könne. Ferner ist auf vorzügliche Böcke eine besondere Aufmerksamkeit gegen die Springzeit zu richten, damit sie nicht zum Bespringen fremder Schaafe — wie dies so oft auf abgelegenen Vorwerken geschehen ist — gebraucht werden.

Ein Schäferhund ist da, wo die Heerde durch Feldwege und zwischen Feldern hindurch geführt werden muß, zwar nothwendig. Er muß aber sehr gut dressirt seyn, die Schaafe nicht beunruhigen, nicht beißen, und nur im Nothfall gebraucht werden. Sonst kann er großen Schaden thun, indem er die Schaafe unnöthiger Weise jägt, in der Weide stöhrt, und sie in beständiger Angst erhält; so daß ein böser ungebändigter Hund zuweilen die einzige Ursach des Herunterkommens einer Heerde gewesen ist. Mit Hülfe eines guten Leithammels bedarf es zuweilen, wenn die Schaafe in gut gelegenen Koppeln geweidet werden, gar keines Hundes.

§. 28.

Die Wäsche.

Es würde ohne Zweifel für die Producenten der Wolle sowohl, als für die Käufer am sichersten seyn, wenn die Wäsche, wie in Spanien, Frankreich, Italien, England, erst nach der Schur geschähe. Diese Wäsche kann allein gründlich und und gleichmäßig seyn. Das Fließ verliert aber allerdings beträchtlich mehr an seinem Gewichte, als durch die unvollkommene Wäsche auf dem Leibe der Thiere. Sie muß also von dem Käufer in dem Verhältnisse theurer bezahlt werden, weil ihm diese Reinigung nachher zu gut kommt. Jetzt bleibt es für den Käufer sowohl als für den Verkäufer etwas ungewisses, wie viel eigentliche Wolle und wie viel Schmutz in einem Ballen sey. Freilich sehen die Käufer auf eine gute Pelzwäsche und bezahlen danach die Wolle theurer. Es fragt sich aber doch, ob der Verkäufer sich nicht besser stehe, wenn er sehr oberflächlich und in weniger seifartigem Wasser wäscht.

Bei der Verschiedenheit der Wäsche auf dem Pelze bleibt der Werth der Wolle und das Gewicht der Fließe immer etwas schwankendes. Genau läßt sichs nur bestimmen, was ein Schaaf an Wolle geeragen habe, und was der Preis eines Steins seyn müsse, wenn die Wolle völlig rein, oder so wie die im Handel kommende spanische ist.

Es hat ferner einen üblen Einfluß auf die Güte und Schmeidigkeit der Wolle, wenn durch die kalte Nässe die Hautabsonderung vor der Schur unterdrückt und zurückgetrieben wird. Man weiß, daß die Spanier dagegegen ihre Schaafe vor der Schur enge einsperren, und dadurch in einen heftigen Schweiß versetzen. Daß dieses der Gesundheit der Schaafe nachtheilig sey, und daß einige auf der Stelle davon sterben, gestehen sie ein; aber sie halten es in Hinsicht des Werthes der Wolle doch für nöthig. Wären sie hieran nicht durch Erfahrung überzeugt, so würden sie diese widernatürliche Behandlung längst aufgegeben haben. Ich will nun zwar diese Schwitzställe (Sudaderos) in unserem Klima, wo sie wegen der nachherigen Erkältung noch üblere Folgen haben könnten, nicht zur Nachahmung empfehlen; aber ein gerade entgegengesetztes Verfahren kann doch nicht vortheilhaft seyn, wenn wir unsere Wolle der spanischen so nahe als möglich bringen wollen.

Endlich

Endlich ist diese Wäsche auf dem Leibe des Thiers, die wegen der, zeitig genug vor dem Wollmarkte zu vollführenden Schur, oft bei sehr ungünstiger Witterung vorgenommen werden muß, der Gesundheit der Thiere offenbar höchst nachtheilig. Einige krepiren unmittelbar dabei, andere kränkeln lange danach.

Indessen müssen wir unsere Schaafe bis jetzt wegen des Mangels der Waschanstalten und wegen des Verhältnisses, worin wir mit den Wollkäufern stehen, der Pelzwäsche unterwerfen. Einige, die ihre Wolle mit erheblichem Verluste an Gewicht, gewaschen und feil geboten haben, erhielten jenen durch höheren Preis bei weitem nicht ersetzt, indem die Käufer mit dieser Wäsche nicht zufrieden waren, und sie für ganz unnütz erklärten. Indessen scheint mir die Sache mehrere Aufmerksamkeit zu verdienen, und ich bin überzeugt, daß man sich nach einiger Zeit, nachdem gehörige Waschanstalten eingerichtet worden, wundern werde, wie man so lange bei der Pelzwäsche bleiben konnte.

Die Pelzwäsche geschiehet auf zweierlei Art, jedoch nach mehreren Modifikationen. Man wäscht nämlich die Schaafe, indem der Wäscher oder die Wäscherin im Wasser stehend, sie bis an den Hals untertaucht, festhält, dann drückt und reibt, bis sie rein genug scheinen, und sie darauf wieder an das Ufer setzt; oder aber man schwemmt sie durch. In letzterem Falle wird ein Weg durch das Wasser von etwa 50 Schritt und 4 bis 5 Fuß breit — wenn es ein schmaler Bach ist, schräg — mit Stangen und Pfählen ausgesteckt, damit die Schaafe auf demselben bleiben, und nicht zur Seite schwimmen können. An diesem Schwemmwege werden Leute hingestellt, die den Schaafen forthelfen, im Vorbeigehen ihnen den Pelz drükken, und verhüten, daß keins ertrinke. Gewöhnlich geschiehet dieses Schwemmen zweimal, zuweilen sogar dreimal; das erstere Mal läßt man sie schnell durchgehen, um den Schmutz zu erweichen, das zweite Mal langsam, indem man sie aufhält, drückt und reibt, damit der Schmutz aus der Wolle herausgebracht werde.

Zuweilen werden beide Methoden mit einander verbunden. Man wäscht die Schaafe erst in einem sehr weichen, seiffenartigen, vielleicht nicht sehr klarem Wasser, und läßt sie dann durch ein klares Fließwasser zum Abspühlen durchschwemmen. Es giebt Wasser, welche die Wolle vorzüglich rein und weiß machen. Ein Pfuhl auf der Mögeliner Feldmark war als ein solches längst in der ganzen Gegend berühmt, und die benachbarten Schäfereien bedienten sich der Erlaubniß, darin zu waschen so viel als möglich. Dies erregte unsere Aufmerksamkeit genug, um das Wasser einer chemischen Untersuchung zu unterwerfen. Der Professor Crome fand eine beträchtliche Menge Kali darin. Wir waren nur einen Augenblick zweifelhaft, wo dieses herkommen könne, und überzeugten uns bald, daß es nur von dem häufigen Waschen der Schaafe selbst in diesem Pfuhle sich abgesetzt habe, da der Schweiß der Schaafe nach Vauquelins Untersuchung vieles Kali enthält. Da der Pfuhl keinen Abfluß hat, und das Kali mit dem Wasser nicht verdunsten kann, so muß es sich bei den vielen Schaafwäschen immer darin anhäufen und concentriren; das Wasser folglich in Verbindung mit der Fettigkeit immer seiffenartiger werden. Es ist folglich auch an andern Orten möglich, sich in einem nicht zu großen Pfuhl ein solches ausgezeichnetes Wasser zur Schaafwäsche zu verschaffen. (Vergl. Annalen des Ackerbaues 1809 2ten Bd. S. 390.)

Nach der immer schwächenden Wäsche müssen die Schaafe mit Vorsicht behandelt werden. Bei gutem warmen Wetter wählt man eine recht grasige, jedoch weder feuchte noch staubige Weide für sie aus. Bei nassen und kaltem Wetter, welches man indessen so viel möglich bei der Wäsche vermeiden muß, müssen sie in stark gestreueten jedoch luftigen Ställen erhalten, und daselbst mit grünem Futter, auch mit Getreide kräftig genährt werden, wobei dann aber die Verunreinigung der Pelze möglichst zu vermeiden ist. Die Hordung findet natürlich in diesem Zustande nicht statt.

Es ist gewiß in jeder Hinsicht sehr rathsam, den Pelz vor der Schur nicht nur völlig trocken werden, sondern auch die Ausdünstung der Schaafe wieder eintreten zu lassen. Die Gesundheit der Thiere muß sich von der ersten Schwächung derselben wieder erholt haben, bevor sie die zweite erdulden. Insbesondere verbessert sich aber die Wolle in ihrer Fettigkeit und in ihrem Gewichte, wenn sie von dem in dieser Jahreszeit am stärksten ausbrechenden Schweiße innig durchdrungen wird, und nähert sich darin der spanischen Wolle mehr. Mindestens müßte man mit der Schur acht Tage nach der Wäsche, besser aber vierzehn Tage warten, wobei freilich alle Vorsicht zur Reinerhaltung anzuwenden ist.

§. 29.

Die Wollschur.

Bei der feinen Merinowolle, wovon hier die Rede ist, kann wohl die Frage über ein oder zweimaliges Scheeren nicht mehr eintreten, obwohl es bei grober Wolle zuweilen rathsam seyn kann, zweimal zu scheeren; besonders wenn die kurze Wolle von den Hutmachern gesucht wird, und die daran gewöhnten Schaafe ihre Wolle sonst von selbst abwerfen. Sonst leiden immer die Schaafe durch doppelte Schur, deren eine dann zu früh, die andere zu spät vorgenommen werden muß.

Die Manipulation des Scheerens läßt sich durch Worte nicht wohl lehren. Die Schaafscheerer sind an verschiedene Handgriffe dabei gewöhnt, die vielleicht nicht ganz gleichgültig sind, die aber nicht wohl abgeändert werden dürfen, als wenn ein darin geübter Mann es sinnlich zeigen kann, wie man es besser mache. Es kommt vor allen darauf an, daß die Wolle dicht an der Haut und gleichmäßig abgeschoren werde, und daß besonders zwischen zwei Schnitten nicht ein längerer Streifen stehen bleibe, wie geschiehet, wenn die Schnitte zu breit genommen werden; dann, daß man die Haut der Schaafe nicht verletze. Eine Verletzung wird am besten durch eine aus Kohlenstaub und Oehl gemachte Salbe geheilt.

Gewöhnlich wird das Schaafscheeren Stückweise bezahlt. In einigen Gegenden thun es Männer, in andern Weiber. Ein fleißiger Scheerer scheert zwanzig Stück in einem Tage, und erhält für das Stück vier bis sechs Pfennige. Es ist große Aufmerksamkeit dabei nöthig, die man am besten dem Schäfer, wenn er bei der Wollschur selbst interessirt ist, überläßt. Ihn selbst hält man aber wieder unter Aufsicht.

Nach der Schur müssen die Schaafe mit Sorgfalt behandelt, gegen nasse Kälte und gegen zu starke Hitze durch das Eintreiben in luftige Ställe so viel möglich geschützt und reichlich genähret werden. Letzteres hat auf einen dichten Wollansatz vielen Einfluß. Der Pferch muß wenigstens vierzehn Tage eingestellt werden, wenn die Witterung nicht sehr günstig ist.

Böcke, Hammel, Mütter und Jährlinge pflegt man jede besonders zu scheeren und ihre Wolle abzusondern. Wenn aber eine Heerde Schaafe von wirklich verschiedener Feinheit enthält, so werden auch diese abgesondert.

Ob nun ferner eine Sortirung der Wolle nach der verschiedenen Feinheit, die sie auf den verschiedenen Theilen des Körpers zu haben pflegt, vorzunehmen sey, kommt auf die Verhältnisse an, worin man mit den Käufern stehet. Einige suchen bloß Wolle einer Art, und nur die superfeine; andere wissen sie sämmtlich zu benutzen, und verrichten das Sortiren lieber selbst, da sie oft die Fina = Sorte unter die Refina zum Theil mitnehmen können.

In Spanien geschiehet diese Wollabsonderung in der Regel. Die Refina wird unvermischt zu den feinsten Tüchern genommen. Mitteltücher werden aus der zweiten Sorte oder Fina gemacht. Die dritte und vierte wird zu anderen Wollfabrikaten gebraucht; übertrifft indessen unsere Landwolle noch beträchtlich an Feinheit.

Die aussortirte Wolle der ersten Art steht natürlich in höherem Preise, als wenn das ganze Fließ zusammen eingeschlagen und gewogen wird. Wenn daher vom Preise der Wolle die Rede ist, wonach manche den Werth und die Feinheit der Schäfereien allein beurtheilen — obgleich er auch viel von Handelskonjunkturen abhängt — so muß man besonders fragen, ob es sortirte oder unsortirte Wolle gewesen sey. Manche Schäferei Besitzer und Verwalter geben den Preis, den sie für die Rückenwolle erhalten haben, als Durchschnittspreis an. Und wenn vom Preise der National spanischen Wolle gesprochen wird, so ist jene superfeine und zwar nach der Schur gewaschene zu verstehen.

Gewöhnlich werden bei uns die unzerrissenen Pelze zu 8, 10 bis eilf Stück, gewöhnlich so viele als auf einen Stein von 22 Pfund gehen, übereinander gelegt, zusammengeschlagen, und die kurze reine Wolle der dritten und vierten Sorte eingelegt, die schmutzige jedoch zurückgelassen. Jedes Bund wird dann mit dünnen Bindfaden zusammengeschnürt. In andern Schäfereien wird sie nicht gebunden, sondern ohne dieß in die Wollsäcke gestopft.

Das Gewicht der Wolle eines Thieres ist sehr verschieden, und hängt bei gleicher Feinheit von der Dichtigkeit und der Länge derselben ab, diese aber zum Theil von der Race, zum Theil von der Nahrung und Gesundheit der Thiere. In genau beobachteten edlen Schäfereien, wo jedes Fließ besonders gewogen und angezeichnet wird, hat man häufig bemerkt, daß der Wollertrag verschiedener Individuen nicht in allen Jahren in gleichem Verhältnisse stehen, und in diesem Jahre eins, welches im vorigen Jahre weniger gab als ein anderes, nun dieses dagegen übertreffe. Daß sich aber im Allgemeinen der Wollertrag nach der Fruchtbarkeit der Weide und nach der günstigen Witterung, und besonders nach der Reichlichkeit der Winterfutterung richte, ist einstimmig entschieben. Daß die Größe des Körpers, besonders die Länge und Breite des Rückens und Kreutzes, welche wiederum theils von der Race, theils von der Aufzucht abhängen, einen großen Einfluß auf die Menge der Wolle haben, versteht sich von selbst.

Daher sind die Angaben von dem Wollertrage so sehr verschieden. Man muß aber bei solchen Angaben vor allem auf den Zustand Rücksicht nehmen, worin sich die Wolle befand, wie sie gewogen wurde: ob sie nämlich ganz ungewaschen in ihrem Fette oder auf dem Leibe gewaschen, oder nach der Schur rein gewaschen war. Die ganz ungewaschene Wolle verliert, nach den neuern französischen Bemerkungen, bei der vollkommenen reinen Wäsche 54 Prozent. Wie viel sie bei der Pelzwäsche verliere, ist nicht wohl zu bestimmen, da diese mehr oder minder gründlich ist; wenigstens aber doch 25 Prozent, und so viel verliert sie dann bei der reinen Wäsche nach der Schur weniger. Wenn die Franzosen von dem Gewichte ihrer und der spanischen Fließe sprechen, so sind ganz ungewaschene zu verstehen, falls sie nicht das Gegentheil sagen, in Deutschland aber auf dem Leibe gewaschene.

Das was man in diesem Zustande in gut genährten Merino-Schäfereien im Durchschnitt erhalten hat, und worauf man sich gewissermaßen Rechnung macht, ist folgendes:

von einem Störe 4 bis 5 Pfd., bei einzelnen 6 bis 7 Pfd.;
von einem Hammel 3 bis $3\frac{1}{2}$ Pfd.;
von einem Mutterschaafe 2 bis $2\frac{1}{2}$ Pfd.;
von einem Jährlinge $1\frac{1}{3}$ bis $1\frac{2}{3}$ Pfd.;
von einem Lamme $\frac{1}{2}$ bis $\frac{2}{3}$ Pfd.

Der Ertrag der Wolle steigt in der Regel, bis die Schaafe vollsatzig sind, und nimmt dann wieder ab.

§. 30.

Beurtheilung der Wolle.

Man beurtheilt den Grad der Feinheit der Wolle, indem man eine Flocke von einem gewissen Theile auszieht, und sie mit einer anderen, von demselben Theile eines andern Thieres genommenen, vergleicht. Es geschiehet am besten, wenn man sie auf ein schwarzes Stück Zeug gegen einander legt. Man erwirbt sich darin Uebung und Augenmaaß, so daß es dann dieser Gegeneinanderhaltung kaum bedarf, ja manche glauben den Grad der Feinheit schon durch das Gefühl bestimmen zu können. Um die Feinheit des ganzen Pelzes zu beurtheilen, muß man aber nicht bloß die Wolle der besten Theile untersuchen, sondern auch die der übrigen mit einander vergleichen. Denn manchmal sind sich zwei Thiere auf den Rücken in der Feinheit gleich, aber an den anderen Theilen zeigt sich ein großer Unterschied. Bei der Wolle dritter und vierter Art muß man besonders auf die Stichelhaare achten, deren Abwesenheit den Werth, besonders der Böcke, sehr erhöhet.

Die Farbe der Wolle, die, wenn man sie auf dem Leibe von einander spaltet, bei einigen ganz weiß, bei andern gelblich aussiehet, scheint gleichgültig; wenigstens ist es gewiß, daß die gelbliche nach der Wäsche eben so weiß werde. Einige nehmen nicht unwahrscheinlich an, daß die gelbliche Schweißfarbe einen höheren Gesundheitszustand des Thieres anzeige.

Starke Kräuselung der Wolle ist eine gute Qualität. Einige ist aber dicht und filzig zusammengekräuselt, und diese hält man nicht für so gut, als wenn sich nur einzelne Haare mit einander verbunden treppenartig drehen und hin und her winden.

Die Elastizität erkennt man, wenn man eine Flocke an dem einen Ende hält und an dem andern drehet, und sie dann beim Loslassen schneller oder langsamer in ihre vorige Lage zurückspringt. Bei gewaschener Wolle drückt man eine Handvoll zusammen, und macht die Hand schnell wieder auf, wo sie sich dann schnell und federartig, nicht langsam, wieder ausdehnen muß.

Die Stärke der Wolle erkennt man, wenn man einzelne Haare, die man vergleichen will, zu zerreissen versucht. Diese Elastizität und Stärke der Wolle zusammengenommen nennt man den Nerv derselben. Er zeichnet die Merino-Wolle von andern gleich feinen Arten aus.

Die Sanftheit und Weichheit der Wolle stimmt wohl mehrentheils mit ihrer Feinheit überein. Jedoch unterscheiden sie viele und sprechen von baumwollenartiger und seidenartiger Sanftheit. Der Reinheits- und Fettigkeits-Zustand kann hierauf wohl einen großen Einfluß haben.

Die lange Wolle hat in gleichem Gewichte und übrigens gleichen Qualitäten einen Vorzug vor der kurzen, da sie sich besser und gleichartiger spinnen läßt. Er ist aber nicht so groß, daß man das versuchte Ueberstehen der Wolle ins zweite oder dritte Jahr, welches sonst bei den Merinos geschehen kann, vortheilhaft gefunden hätte. Uebrigens sieht lange Wolle auf dem Pelze nie so dicht aus, wie kurze, wenn sie es auch wirklich ist, indem sie sich an ihrem äußern Ende mehr ausspreizt und bei der Bewegung des Thieres schwappet.

Die Krankheiten der Schaafe.

§. 31.

Disposition des Schaafs zu Krankheiten.

Das Schaaf ist wegen minderer Thätigkeit seiner Lebensorgane allen schwächenden Einflüssen von außen vor andern Thieren ausgesetzt, insbesondere im nördlichern Klima. Seine Natur äußert wenige Reaction, obgleich seine Nerven sehr empfindlich sind. Und wenn auch ein Reiz irgend eine heftige Erregung in ihm hervorbringt, so ist diese doch von kurzer Dauer, und hinterläßt eine desto größere Schwächung der Naturkräfte. Daher sind fast alle seine Krankheiten passiver Art, und man hat bei der Kur selten Ursach, eine überspannte Activität herabzustimmen, sondern in der Regel selbige zu erheben, welches indessen, wie bei allen schwachen und dabei empfindlichen Körpern mit großer Vorsicht und stufenweise geschehen muß.

Feuchtigkeit — nicht sowohl plötzliche Nässe und heftige Regenschauer, als anhaltende feuchte Luft und Nebel — insbesondere aber sumpfigte Ausdünstungen, wirken deshalb verderblich auf die Schaafe, und ziehen ihnen sehr schnell die Anlage zu Krankheiten zu, die nur im ersten Grade ihrer Entwickelung durch ein entgegengesetztes Verhalten und stärkende, größtentheils diätetische Mittel gehoben werden können. Eine der gewöhnlichsten und von selbst entstehenden Krankheiten ist daher die folgende.

§. 32.

Die Fäule oder Faulkrankheit.

Es ist dabei keine Erscheinung, die nach medizinischen und chemischen Begriffen diesen Namen begründete. Die Krankheit ist vielmehr eine wässrige Cachexie, kommt derjenigen Krankheit gleich, welche man bei dem Menschen Bleichsucht nennt, und geht in Wassersucht über. Das Blut verliert seine hochrothe Farbe, seine Gerinnbarkeit, wird wässerig und bekommt das Ansehen von Fleischwasser. Die Krankheit äußert sich also zuerst dadurch, daß die rothen Adern im Auge an der Thränendrüse bleich werden, nnd so auch die Lippen und der innere Theil des Mauls. Auch die Haut verliert unter der Wolle ihre rothe Farbe. Ein solches Schaaf nennt man anbrüchig. Das Thier bleibt dabei gut bei Leibe, behält Freßlust, verliert aber seine Munterkeit merklich, und äußert

Schwäche im Widerstande, wenn man es niederdrückt oder bei dem Hinterbeine fäßt. Seine Wolle läßt sich leicht aus der Haut ausrupfen. Ein Mutterschaaf wird dabei trächtig, aber im Winter nimmt die Krankheit zu; es entstehen wässrige Geschwülste, besonders unter der Kinnlade, die vergehen und wiederkommen. Es äußert dabei noch keine Merkmale von empfindlichem Leiden, dann aber legt es sich und ist bald todt. Bei den Mutterschaafen erfolgt diese Katastrophe am häufigsten bei der Geburt.

Bei der Eröffnung findet man starke Ergießungen von Wasser in der Brust und dem Unterleibe. Das Blut in den Adern ist ganz bleich, so wie das Fleisch. Die Eingeweide sind mit Wasserblasen besetzt und mißfarbig. Gewöhnlich findet man die Leber mit sogenannten Egelschnecken (Fasciola hepatica) durchaus angefüllt, und fast die ganze Substanz derselben lebendig. Indessen ist das nicht beständig. Man hat deshalb diese Krankheit auch die Egelkrankheit genannt, diese Insekten für die Ursach der Krankheit gehalten, und ihre Entstehung dadurch erklärt, daß die Schaafe den Saamen derselben an sumpfigen Stellen einnahmen. Allein diese Insekten sind den Schaafen angebohren und natürlich, und sie finden sich auch in der Leber völlig gesunder Schaafe, wenn gleich in geringerer Menge. So wie wir aber allgemein finden, daß die, einem gewissen Thiere eigenen und eingebohrnen Insekten und Gewürme sich stärker vermehren, wenn die Lebenskraft des Thieres, besonders in den Organen, wo sie ihren Sitz haben, geschwächt ist; so ist das auch hier der Fall.

Diese Krankheit wird — darin stimmen alle Beobachter überein, — durch das Weiden an sumpfigten Stellen erzeugt, und wenige Stunden können zureichend seyn, sie hervor zu bringen. Man nennt sie daher auch das Verhütetseyn. Ob sie auch von schimmlichten dumpfigen Futter entstehe, oder dieses nur andere Krankheiten erzeuge, mit denen man diese verwechselt hat, ist zweifelhaft. Einige haben sie besonderen Pflanzen, die an sumpfigten Orten wachsen, beigemessen; der Krötenbinse, der Ranunkeln u. s. f., aber mit Unrecht. Wie die Sumpfstellen würken, will ich nicht entscheiden; es ist mir aber wahrscheinlich, daß es durch die sich daselbst entwickelnden Gase, welche lähmend auf die Lebensorgane wirken, geschehe; weswegen diese Stellen im Frühjahr bei weitem nicht so gefährlich, als in der Mitte des Sommers sind. Es ist zu unserem Zweck genug, wenn wir wissen, daß wir sumpfigte und be-

schlammete

schlammete Stellen aufs sorgfältigste vermeiden müssen.

Die Alten erklärten sie schon daraus, und Seneka sagt: Oves vero, mollioris naturae, quo propriora terris ferunt capita, corruptas esse non miror, cum afflatum diri aeris circa ipsam humum exceperint.

Die Entstehung und Verschlimmerung dieser Krankheit wird durch feuchte nebligte Witterung sehr befördert, wogegen trockne warme Witterung, hohe aromatische Weide den ersten Ansatz derselben wohl zu überwinden vermag.

Die Krankheit ist, sobald sie zu einem beträchtlichen Grade gekommen, so daß auch der Unaufmerksame sie beachtet, wahrscheinlich unheilbar. Bei ihrer ersten Entstehung scheint Hülfe möglich zu seyn, wenn man die Heerde desto vorsichtiger nur auf hohen Weiden hält, wo besonders aromatische Kräuter, Thymian und Pimpinelle wachsen, auch, wie einige nicht ohne Wahrscheinlichkeit vortheilhaft gefunden haben wollen, in mit Wacholder gemischte Büsche treibt, sie bei schlechter Witterung im Stalle hält, ihnen kräftiges Futter, selbst etwas Getreide, und vorzüglich Roßkastanien giebt. Die Hordung muß man ganz einstellen. Dann macht man ihnen eine Salzlecke aus Wachholderbeeren, Wermuth, Reinfarren, Kardobenedikten, Salvey, Gentiana, Angelikawurzel, Weidenrinde und andern bittern und aromatischen Kräutern, die man haben kann, mit Schroot und Salz, oder giebt ihnen davon täglich etwas ein, ehe sie des Morgens ausgehen, falls sie der Instinkt nicht selbst daran zu lecken treibt. Wahrscheinlich ist das Eisen eins der wirksamsten Mittel gegen diese Krankheit, doch kenne ich keine bestimmte damit angestellte Versuche. Man könnte fein gepulvertes und gesiebtes Eisen zu 3—4 Granen mit bitteren Kräutern geben, oder weinsteinsaures Eisen (Eisenkugeln, die man aus der Apotheke erhält), zu 5 Gran in Wasser aufgelöst täglich auf das Stück, und mit der Dosis steigen, 14 Tage lang und 14 Tage ausgesetzt.

Ist die Krankheit vor der Einwinterung entschieden, so ist nichts anderes zu thun, als die Thiere schnell fett zu machen und zu schlachten, weil man durchaus keine Hoffnung hat, sie durchzubringen.

Ansteckend ist die Krankheit offenbar nicht, und es trifft sich oft, daß ein Theil der Heerde damit befallen sey, ein andrer nicht. Zuweilen ist der größte Theil gesund, und nur wenige leiden an der Krankheit; und aufrichtige Schäfer gestehen es dann, daß es solche sind, die das Schicksal an sumpfige Stellen hingeführt hatte.

§. 33.

Die Lungenseuche oder Lungenfäule.

Diese scheint mir von Schaafkundigen und Thierärzten mit jener Krankheit oft verwechselt worden zu seyn. Denn ich habe Beschreibungen von Schaafsterben erhalten, wobei sich durchaus nicht die Symptome jener Wassersucht, sondern ähnliche Erscheinungen, wie bei der Lungenseuche des Rindviehes und zwar mit dieser gleichzeitig geäußert hatten. Diese Epidemie entstand später, erst im Frühjahr, nachdem die Schaafe im Winter ganz gesund gewesen waren, und man schob sie auf verschlammtes, dumpfig gewordenes Winterfutter. Ich enthalte mich bis jetzt über diese Krankheit mehreres zu sagen, da ich es mit Bestimmtheit nicht thun kann, und erwähne ihrer nur, um Thierärzte und Schäfer darauf aufmerksam zu machen.

§. 34.

Die Maul- und Klauenseuche.

Nach verschiedenen Beobachtungen scheint mir die erstere, die man auch mit dem gefährlichen Namen des Zungenkrebses belegt, wie bei dem Rindvieh, so auch bei den Schaafen, in naher Verwandtschaft mit der letzteren zu stehen; indem das Uebel häufig zuerst im Maule erscheint, und sich dann auf die Füße wirft.

Das erstere Uebel ist mehrentheils von keiner großen Bedeutung, wenn es gleich die Schaafe durch Schwierigkeit bei dem Fressen zurücksetzt. Man reibt ihnen das Maul sanft mit einem starken Aufguß von Salvey, welchem zur Hälfte Essig und etwas Honig zugesetzt ist, aus. Fressen die Blasen um sich, so fügt man 1 Loth Kupfer- oder Zinkvitriol einem Quarte dieses Aufgusses zu.

Die Klauenseuche ist von übleren Folgen. Man bemerkt sie an dem Hinken der Thiere. Daß man dann zuvörderst untersuche, ob keine äußere Ursach desselben, ein im Fuß steckender Splitter oder Dorn daran Schuld sey, versteht sich. Wenn das nicht ist, sondern sich an dem Huf Geschwulst und Hitze zeigt, oder schon Jauche ausschwitzt, auch mehrere Thiere zugleich damit befallen werden, so muß man diese Seuche besorgen und Aufmerksamkeit verdoppeln.

Wenn die Thiere heftig leiden, oder noch besser wenn es zu bewirken ist, gleich im Anfange, macht man einen Umschlag aus Sauerteig oder aus fettem Lehm mit Essig durchknetet, mittelst eines leinenen Lappens oder kleinen Sacks, die man aber nicht zu fest anschnüren muß. Man erhält diesen Umschlag mit Essig feucht. Hat sich eine starke Geschwulst über der Krone oder zwischen den Klauen hervorgehoben, die Eiter zu enthalten scheint, so öffnet man sie mit einem scharfen Federmesser, und schneidet zugleich das Horn, welches sich gelöset hat, weg. Die Wunde wäscht man mit einer Auflösung von Kupfervitriol aus, und legt dann eine Salbe aus Therpentin und Eygelb auf. Daß man die kranken Thiere in einem luftigen Stalle lasse, ihnen gutes Futter gebe und reichlich einstreue, versteht sich von selbst. Hierdurch wird man der Verschlimmerung des Uebels, wobei der ganze Huf nicht nur weggehet, sondern der Knochen selbst angegriffen wird, zuvorkommen.

Diese Krankheit ist nicht nur epidemisch, sondern wahrscheinlich auch ansteckend, weswegen man die erkrankten Thiere wo möglich absondern muß.

§. 35.

Die Räude oder der Grind.

Diese ist gerade in den sogenannten **reinen** Gegenden diejenige Krankheit, wofür man sich am meisten fürchtet, und die auch, so lange man ihre

Natur und Behandlung nicht kannte, die häufigsten Verheerungen in den Schäfereien mancher Gegenden anrichtete.

Die Räude ist offenbar ansteckend, denn sie kann willkührlich bei jedem Schaafe hervorgebracht werden, wenn man von der in der Räudepustel enthaltenen Materie etwas auf dessen Haut bringt. Es entsteht auf der berührten Stelle schnell eine Räudepustel; diese erzeugt in ihrer nächsten Umgebung bald mehrere, und pflanzt sich allmählig über die Haut des Thieres fort. Diese Ansteckung geschiehet jedoch nur durch unmittelbare Berührung mit dem Körper des kranken Thieres selbst, oder mit einem andern Gegenstande, an welchem sich die Materie frisch abgesetzt hat. Durch die Luft oder die Ausdünstung ist die Krankheit, allen bisherigen Beobachtungen nach, nicht ansteckend.

In den Räudepusteln befinden sich immer Milben (Acari) mit ihren Eyern, die allenfalls ein scharfes Auge, jedes andre, mit einem mäßigen Vergrößerungsglase bewaffnet, entdecken kann. Die Krankheit kömmt in jeder Rücksicht der menschlichen Krätze gleich, jedoch erregt die Krätzmaterie der Schaafe keine wahre Krätze bei den Menschen und umgekehrt. Auch sind die Milben der Schaafräude von den Milben der Krätze verschieden.

Wahrscheinlich sind diese Milben die einzige hervorbringende Ursach der Räude wie der Krätze, obgleich andere sie blos als eine Folge derselben ansehen wollten. Man hat neuerlich genauere Versuche darüber angestellt und beobachtet, daß keine Ansteckung geschehe, wenn man die reine Materie, worin keine Milbe vorhanden war, auf die Haut eines gesunden Thieres brächte, dagegen die Krätzpustel sogleich erregte, wenn man eine lebende Milbe dahin verpflanzte.

Indessen scheint es, als ob sich diese Krankheit auch zuweilen von selbst erzeugen könne; denn man hat Beispiele, daß sie plötzlich in einer Heerde bei vielen Köpfen zugleich ausgebrochen sey, ohne daß ein anderes Schaaf derselben nahe gekommen. Man hat dies besonders in sehr feuchten Sommern, die überhaupt auf die Gesundheit der Schaafe einen so nachtheiligen Einfluß haben, und bei veredelten Heerden, die besonders gut genährt waren, bemerkt. Dies widerlegt jedoch die Theorie der Milben als Ursache der Krankheit nicht, da neuere Beobachtungen die alte Meinung von der Erzeugung der unvollkommenen Thiere ohne Eyer bestätigt haben.

Die Krankheit zeigt sich zuerst dadurch, daß die Schaafe sich an irgend einer Stelle des Körpers mit den Beinen kratzen, oder an einem Gegenstande mit dem Rücken reiben, und dabei eine behagliche Empfindung durch eine besondere Bewegung der Lippen und der Zunge durch sogenanntes Bebbern äußern. Wenn man die Stelle dann untersucht, so findet man einen borkigen, nässenden oder trocknen Ausschlag, der dann immer weiter um sich greift; die Wolle an der Stelle wird unrein, filzig, verliert ihren Glanz, oder wird abgestanden, und umher fühlt man Knötchen in der Haut. Hierbei befindet sich das Thier übrigens noch gesund, und ist mehrentheils noch besonders munter. Allmählig aber leidet es an seinem ganzen Körper, zehrt ab und stirbt zuletzt an Schmerz und Entkräftung; wenn nämlich nichts zur Hemmung des Uebels geschieht.

Wenn das Uebel früh genug bemerkt wird, so ist es mit mancherlei Mitteln leicht zu heben, oder doch in seinem Fortgange zu hemmen. Das gebräuchlichste Mittel ist der Taback, in einem starken Aufgusse oder Abkochung, auf der kranken Stelle eingerieben, nachdem die trockene Borke vorher mit dem Nagel oder mit einem Instrumente abgerieben worden. Noch wirksamer ist er, wenn er von dem Schäfer gekauet, und der damit angeschwängerte Speichel auf die Stelle gespuckt und eingerieben wird. Hierdurch hemmen die Schäfer in manchen Gegenden den Fortgang der Krankheit einzig und allein, heilen sie aber selten in der ganzen Heerde völlig, und setzen diese Behandlung fast ununterbrochen fort. Sie scheinen hier ein besonderes Interesse dabei zu finden, indem es ihnen Vergnügen macht, sich so mit ihren Schaafen immer zu beschäftigen; dann aber auch, weil ihnen zu dem Ende von dem Eigenthümer freier Taback gegeben werden muß. Nur bei nachlässigen Schäfern nimmt hier die Krankheit überhand, und man giebt dann immer dem Schäfer die Schuld. Hat sie überhand genommen, so läßt sie sich freilich durch dieses Mittel nicht mehr bezwingen. Diese unvollkommene Methode hat das Gute, daß der Schäfer auf die Gesundheit seiner Schaafe unaufhörlich achtet, und auch eine andere entstehende Krankheit, die Pocken, die Bleichsucht sogleich entdeckt.

Man hat aber eine große Menge von Mitteln, welche gegen das Uebel, wenn es nur nicht zu sehr überhand genommen hat, und sie gehörig angewendet werden, sicher und gründlich helfen. Der Tabacksabsud mit Kalkwasser, mit Vitriolöl kräftig und anhaltend gebraucht, hilft oft radikal.

Eine Abkochung von weißem Nießwurz mit Wasser oder Essig, Schwefelsalbe mit Therpentinöl, aufgelößte Schwefelleber, Theer, Therpentin und brenzliche Oele in verschiedenen Zusammensetzungen, mancherlei Salben von mehr oder minder scharfen Quecksilberpräparaten oder Auflösungen der letztern, Bleisalben und Auflösungen, Eisen- Zink- und Kupfervitriol-Auflösungen und mehrere andere scharfe Dinge, welche sämmtlich auf die Tödtung der Milben zu wirken scheinen, werden mit glücklichem Erfolge äußerlich gebraucht, wenn sie nur, dem Grade der Krankheit nach, kräftig und anhaltend genug angewandt werden. Innere Mittel sind gegen die Räude an sich völlig unwirksam, jedoch in dem Falle anzuwenden, wenn die Krankheit schon den allgemeinen Organismus des Thiers angegriffen und ihm eine andere Krankheit zugezogen hätte.

Eine ohne Zweifel der wirksamsten Behandlungsmethoden hat Herr G. H. Walz in einer Schrift über „die Natur und Behandlung der Schaafräude, Stuttgardt 1809" angegeben, die in Folgendem besteht:

Das thierisch empyreumatische Oel hält der Verfasser für ein absolut tödtliches Mittel gegen die Milben. Nächst diesem das vegetabilisch empyreumatische Oel, den Theer. Allein in Menge aufgebracht reizt ersteres zu heftig. Minder aber, doch stark, wenn es in dem Verhältnisse von 1 : 3 mit fettem Oele gemengt ist. Die am zweckmäßigsten befundene Mengung ist folgende:

Frisch gebrannter Kalk 4 Theile durch allmähliges Wasserzugießen zu einem Brei gelöscht, 5 Theile Pottasche zugesetzt, und so viel Rindsharn, als zur Breikonsistenz erforderlich ist. Hierzu werden 6 Theile thierisch empyreumatischen Oels oder sogenanntes Hirschhornöl (ein Abfall bei Salmiakfabriken), und 3 Theile Schiffstheer gemengt. Dann wird das Ganze mit 200 Theilen Mistjauche, und wenn es zum Einreiben gebraucht werden soll, mit 800 Theilen gewöhnliches Wasser verdünnt. — Dies reicht zu 500 räudigen Schaafen hin (es kommt an Orten, die von Salmiakfabriken und Theerbrennereien nicht weit entfernt sind, 3 bis 4 Fl. Rheinl.), um sie einmal an allen räudigen Stellen damit zu bestreichen.

Mit diesem Gemenge (dessen Product mildes Ammonium mit thierisch brenzlichem Oele vermischt und beigemengte brenzliche Kalk- und Thier-Seiffe ist) werden die borkigen Hautstellen aufgeweicht, und hierauf alle bewollete Hautstellen damit bestrichen. Ist die Wolle schon lang, so muß die Flüssigkeit durch ein Stück Leinewand oder Wollenzeug durchgeseihet werden. Werden so behandelte Schaafe 16 Tage lang vor der Einwirkung des Regens geschützt, so ist dreimaliges Befeuchten am 1sten, am 8ten und am 13ten Tage hinreichend. Regen aber macht ein 4 bis 5maliges Befeuchten nöthig. Das Durchseihen der Mengung vermindert die Wirksamkeit, ist also besser zu unterlassen.

Sind viele räudige Schaafe vorhanden, so nimmt man auf jedes Stück 2 Pfund von der Mengung ohne Wasserzusatz; schafft 2 ovale hölzerne Zober an, deren jedes ungefähr 600 Pfund Wasser faßt; füllt eins davon so weit mit Wasser an, daß ein Schaaf bequem darin eingetaucht werden kann, gießt hierauf von der zubereiteten Mischung ohne Wasser so viel hinein, daß das oben angegebene Verhältniß ungefähr herauskommt. Zwei Männer greifen dann ein räudiges Schaaf, der eine beim Kopf und Vorderfüßen, der andere bei den Hinterfüßen an, und tauchen es mit dem Rücken zu unterst so ein, daß es an allen bewolleten Stellen naß wird, ziehen es in die Höhe, lassen die Feuchtigkeit ablaufen, schwingen es schnell in den nebenstehenden leeren Zober, drücken die Flüssigkeit mit den Händen ab, wodurch sie der Haut näher gebracht wird, und bemühen sich vorhandene Borken aufzulockern. Vier rüstige Männer können 4 bis 500 Stück in einem Sommertage so behandeln. Sie müssen die Hände von Zeit zu Zeit in reinem kalten Wasser abwaschen.

Sollte es sich zeigen, daß es das erste Mal nicht wirksam genug gewesen, so macht man es zum zweiten Male etwas stärker.

Die so behandelten Schaafe werden in einen geräumigen Stall oder schattigen Platz gebracht, gegen Regen sorgfältig verwahrt.

Sind die Borken dicht, oder tritt nach der Behandlung starker Regen ein, so muß die Wiederholung um so früher geschehen; es kann ein drei- bis viermaliges Eintauchen nöthig seyn; sonst ist ein zweimaliges, am ersten und achten Tage, hinreichend.

Sollte sich noch etwas zeigen, so ist bei einzelnen Schaafen eine partielle Behandlung mit einer weniger verdünnten Mengung nöthig.

Die Schaafe befinden sich vorzüglich wohl danach. Auch die Läuse (Hippobosca ovina und Pediculus ovinus) werden dadurch getödtet. Statt des thierisch brenzlichen Oels, wenn es nicht zu haben ist, kann schwarzes Steinöl dessen Stelle vertreten; nur müssen statt 6, 9 Theile genommen werden.

Der Herr Amtsrath Karbe hat bei überhand genommener Krankheit ein einfacheres Mittel zureichend gefunden. Er macht einen starken Tabacks-Aufguß, und setzt 20 Quart desselben 4 Pfund konzentrirte Schwefelsäure (Vitriolöl) zu. Es muß so scharf seyn, daß es, in die Haut eingerieben, Röthe, oder daß ein Tropfen, auf Holz getröpfelt, Bläschen mache. Auf einzelne Pusteln wird, nachdem die Borke abgemacht, nur ein Tropfen getröpfelt, größere Stellen werden mit einem Pinsel oder Bürste eingerieben.

Bei diesen wirksamen den verschiedenen Graden der Krankheit angemessenen Heilmitteln kann also diese Krankheit nur Gefahr haben, wo man sie im Anfange verkennt, wo man die Mittel dagegen anzuwenden verabsäumt, und wo das leider! in die Gesetzgebung übergegangene Vorurtheil von reinen und von Schmierschäfereien noch existirt. Die Schäfer rechnen es sich hier zur Schande, der Krankheit durch Anwendung der leichten Mittel zuvor zu kommen, um nicht den Namen der Schmierschäfer zu bekommen, und verheimlichen den Ausbruch der Krankheit so lange als möglich.

Die Einführung der spanischen Race, welche diesem Uebel ihres dichten Pelzes, ihres starken Schweißes und der Empfindlichkeit ihrer Haut wegen vor andern unterworfen ist, wird jene Vorurtheile bald völlig unterdrücken.

§. 36.

Die Pocken.

Diese sind eine allgemein unter den Schaafen verbreitete Krankheit, die sich aber nur durch Ansteckung fortpflanzt. Einige Gegenden sind bisher mehr wie andere derselben ausgesetzt gewesen, aber keine ist dafür sicher. Es bedarf hier keiner unmittelbaren Berührung, sondern die Ansteckungsmaterie geht auch als Dunst durch die Atmosphäre von einem Körper zum andern über. Wie weit ihr Dunstkreis reiche, läßt sich noch nicht bestimmen.

Eine Heerde wird selten auf einmal damit befallen, sondern zuerst nur wenige Stücke, diese stecken andere an, und diese dann mehrere; so daß mehrere Monate darüber hingehen, ehe sie durchgegangen ist. Zu Anfang und zu Ende pflegt die Epidemie am gelindesten, in der Mitte am gefährlichsten zu seyn. Diese Krankheit hat mit den ordentlichen Pocken der Menschen eine höchst auffallende Aehnlichkeit, so daß manche dadurch bewogen worden, das Gift beider für gleichartig zu halten. Allein die Uebertragung desselben aus einem Körper in den andern hat nach gemachten Versuchen keine Wirkung gehabt.

Die Krankheit hat, wie die menschlichen Pokken, vier Zeiträume:

1) Die Erregungsperiode, wo sich die Materie mittelst eines Fiebers im Körper bildet. Die Thiere äußern mehr oder minder alle Merkmahle einer fieberhaften Krankheit, sie sind matt, fressen nicht, das Wiederkäuen hört auf, sie haben Hitze und Durst in höherem oder geringerem Grade. Diese Erscheinungen dauern in der Regel drei volle Tage, und nehmen mit jedem zu.

1) Die Ausbruchsperiode. Es zeigen sich kleine Knötchen auf der Haut, zuerst an den nicht mit Wolle bedeckten Theilen, im Gesichte, an der innern Seite der Schenkel, dem Euter u. s. w.; dann aber auch an den wolligten Theilen. So wie diese hervorgekommen sind, lassen jene Zufälle nach, die Thiere werden munter, und bekommen wieder Freßlust. Geschiehet das nicht, so ist es ein Zeichen großer Bösartigkeit und Gefahr. Die Knötchen wachsen in der Höhe und Breite. Diese Periode dauert ebenfalls drei Tage.

3) Die Eiterungsperiode. Die Blattern werden nach der Ordnung, wie sie ausgebrochen waren, weiß, zuerst an der Spitze, dann durchaus, und füllen sich mit flüssigem Eiter. Sie sind an ihrer Spitze, nachdem sie sich gefüllt haben, entweder erhaben oder eingedrückt. Ersteres ist besser, und zeigt mehrere Naturkräfte an. Stehen aber die Blattern dicht, so bleiben sie nicht abgesondert, sondern laufen in einander, und bilden eine große gemeinschaftliche Blase, die manchmal ganze Stellen des Körpers überziehet.

Sind die Blattern nicht häufig und stehen sie einzeln, so äußert das Thier, nachdem sich der Eiter gebildet, nur wenige unbehagliche Empfindungen von dem Reize auf der Haut. Wenn sie aber dicht stehen und zusammenfließen, so erregt dieser Reiz ein neues heftiges Fieber. Diese Periode dauert bei gutartigen und einzelnen Blattern nicht über vier Tage oder bis zum siebenten Tage nach dem Ausbruche, und damit kann man die Krankheit als überstanden ansehen. Bei bösartigen und zusammenfließenden Blattern geht sie nun aber in

4) die Abtrocknungs- und Nachschwärungs-Periode über. Im höchsten Grade der Eiterung schwillt ihnen das Gesicht auf, die Augen gehen

zu, es fließt ein dicker Schleim aus Nase und Maul, unter der schwarz gewordenen Borke bildet sich neuer Eiter oder mißfarbige Jauche, ihre Ausdünstung riecht aashaft, der Athem wird schwer und röchelnd. Wenn diese Zufälle heftig sind, so kommen die Thiere selten, oder im glücklichsten Falle doch nur nach langem Leiden an fressenden Geschwüren durch, verlieren oftmals die Augen.

Es hat keinen Zweifel, daß man auch im heftigen Grade der Krankheit durch sorgfältige Verpflegung und Anwendung gerechter Mittel viel ausrichten könne. Es würde aber neben genauer Kenntniß der Krankheit und der Mittel eine ununterbrochene Aufmerksamkeit auf jedes Individuum erforderlich seyn, indem ein kräftiges Mittel, welches heute von bester Wirkung seyn würde, morgen bei verändertem Zustande der Krankheit sehr nachtheilig wirken kann. Nur ein ausgezeichnetes Thier könnte vielleicht eine kunstgerechte Behandlung verlohnen, die aber nur ein wahrer, mit der Natur des Schaafs bekannter Arzt zu dirigiren vermöchte. Wir können also nur allgemeine Rathschläge zur Behandlung dieser Krankheit geben, und diese bestehen in Folgendem.

Die kranken Thiere müssen so luftig und kühl wie möglich, selbst im Winter in einer Temperatur wenig über dem Gefrierpunkte, gehalten werden. Wenn sie nicht fressen wollen, so muß man sie doch zum Saufen auf alle Weise anreizen, auch dünnen Schroottrank, am besten wohl von Malzschroot geben. Bekommen sie Appetit, so gebe man ihnen im Sommer zartes Gras und Klee, aber nicht zu viel, im Winter besonders Rüben. Entdeckt man die Krankheit früh in der Erregungsperiode, und ehe sich der Ausbruch auf der Haut zeigt, so ist eine gute Portion Salz, worauf man sie nach Gefallen trinken läßt, sehr angemessen. In der Eiterungs- und Abtrocknungsperiode ist von dem Gebrauche der Säuren am meisten zu erwarten, wenn die Zufälle nicht so heftig sind, daß sie das Einbringen aller Mittel zu schwer machen. Man tröpfelt unter einer Portion Schroot oder Malztrank so viel Vitriolöl, als erforderlich ist, ihr einen säuerlichen Geschmack zu geben. Oft werden sie das säuerliche Getränk gern saufen, und man giebt ihnen so viel sie wollen. Sonst giebt man $1\frac{1}{2}$ Quentchen Vitriolöl unter 1 Quart Wasser, thut etwas Honig hinzu, und giebt ihnen hiervon täglich viermal $\frac{1}{12}$ ein.

Die unter der Borke stockende oder in Geschwüren angehäufte Jauche läßt man aus, verbindet und bestreicht die Stelle mit einer Salbe aus Eygelb und Therpentin.

Diese Krankheit befällt, wie die menschlichen Pocken den Menschen, nur einmal, und sie ist auch im gelindesten Grade zureichend, den Körper unempfänglich für eine neue Ansteckung zu machen. Deshalb hat man die absichtliche, künstliche und örtliche Ansteckung auch bei dieser Thierkrankheit anzuwenden angefangen, und zwar wenn es mit der gehörigen Vorsicht geschah, mit dem glücklichsten Erfolge. Warum überhaupt diese örtliche Ansteckung auf der Haut im Durchschnitt eine weit mildere und höchst selten tödtende Krankheit hervorbringe, darüber sind die Meinungen noch getheilt; allein alle Erfahrungen bestätigen es. Dazu kommt aber, daß man die Krankheit dadurch zur günstigsten Zeit und im günstigsten Alter erregen, seine ganze Aufmerksamkeit darauf richten, somit die Thiere auf ihre Lebenszeit sichern, und die Krankheit mit der Zeit völlig vertilgen könne.

Die Operation ist sehr leicht. Man nimmt den Eiter von einem nicht zu heftig kranken Schaafe, dessen Pocken im 5ten oder 6sten Tage des Ausbruchs stehen, und diesen Eiter im flüssigen fast durchsichtigen Zustande enthalten, weil er so nicht nur am wirksamsten, sondern auch am freiesten von anderer Verderbniß ist. Man hat dieses kranke Schaaf zur Hand an dem Orte, wo die Einimpfung geschieht, und braucht nicht zu besorgen, daß in dem Augenblicke die Ansteckung durch die Ausdünstung der durch den Stich zuvorkommen werde; denn diese wirkt schneller. Man nimmt ein Paar feine spitze Lanzetten, oder nur ein Paar an der Spitze breit geschlagene und scharf geschliffene starke Nähnadeln, die mit ihrem Ohrende mit einem Griff, allenfalls in einem Stücke Siegellack eingesetzt sind, zur Hand. Ein Gehülfe taucht diese Lanzetten oder Nadeln mit der Spitze wechselsweise in die aus einer geöffneten Pustel ausfließende Jauche, und reicht sie dem Operateur zu. Dieser läßt sich das zu operirende Schaaf mit dem Rücken auf den Tisch legen, und durch zwei Menschen so halten, daß er der Stelle, wo die Einimpfung geschehen soll, bequem beikommen könne. Gewöhnlich hat man bisher die von Wolle entblößten inneren Theile der Vorder- und Hinterschenkel gewählt. In Ansehung der Wirkung ist es aber gleich, welche Stelle der Haut man nimmt. Man sticht dann ganz flach und schräg unter der Oberhaut ein, so daß man die Spitze durch selbiges durchscheinen sieht, nur eine Linie weit, hält sie so ein bischen still, und streicht bei dem Herausziehen den Eiter etwas an. Wenn die Spitze nur unter die Haut gebracht ist, so ist es am besten, wenn die Wunde so flach ist, daß kein Blut kommt. Es wäre wohl ein einziger gut gemachter Stich zureichend, da er aber zufällig nicht gerathen könnte, so macht man gewöhnlich 2 oder 3 auf jeder Seite. Diese mehreren Stiche schaden auch nicht, und die Erfahrung hat die Meinung, daß man durch mehrere Stiche die Krankheit heftiger mache, nicht begründet. Sitzt noch Eiter an der Lanzette, so braucht man sie nicht jedesmal frisch eintauchen zu lassen; man streicht ihn nur etwas nach der Spitze hin.

Die Auswahl der Impfungsstelle ist noch zweifelhaft. Es entstehen nämlich an dieser Stelle nach überstandener Krankheit häufig hartnäckige um sich greifende Geschwüre, die sogar brandig werden. Letzteres hat man jedoch nur bemerkt, wenn man den Eiter zu alt oder gar die trockene Borke genommen hat, die eine brandige Verderbniß schon mit sich führte. —

Einen wolligen Theil nimmt man also nicht gern. In den Weichen der Vorder- und Hinterbeine entsteht aber eine beständige Reibung, wodurch die Stelle erhitzt wird, und ein hier entstandenes Geschwür macht den Thieren empfindliches Leiden.

Einige haben daher das äußere Ende des Schwanzes zur Impfstelle vorgeschlagen. Wenn die Impfung hier die allgemeine Wirkung gethan habe, sagen sie, und das örtliche Uebel zu stark werde, so sey die Hülfe, den Schwanz kürzer abzuhauen, sehr leicht. Man führt sehr glückliche Erfahrungen für diese Methode an. Es läßt sich indessen a priori manches gegen diese Methode einwenden, und es müssen noch mehrere Versuche entscheiden, ob die Impfung an dieser tendinosen Stelle ohne Bedenken sey, ob die örtliche Affection durch Abschneiden des ganzen Theils sicher gehoben werde, und ohne andere Uebel hervor zu bringen. Wäre diese Stelle nicht unbedenklich, so würde ich lieber die äußern Theile des Vorder- oder Hinterschenkels wählen, die Haut von der Wolle durch ein Scheermesser völlig entblößen, und dann hier impfen, wo die Stelle kahl und weniger schmerzhaft ist, und keine Reibung Statt findet. Der geringe Verlust der Wolle kann nicht in Betracht kommen.

Indem ich dieses schreibe, haben mir jedoch neuere Nachrichten die Sicherheit der Schwanzinokulation bestätigt; man hat sogar nicht nöthig gehabt, wegen Bösartigkeit des Geschwürs seine Zuflucht zum Abschneiden zu nehmen.

In der Regel — denn es giebt Ausnahmen, wo es später erfolgt — bemerkt man am 4ten Tage deutlich eine Erhebung um die Impfstelle oder eine formirte Pustel, in deren Mittelpunkt sich der Stich befindet. Diese bekommt dann einen rothen Rand. Am 6sten Tage hat die Pustel an Erhabenheit und an Umfang zugenommen, und es zeigen sich dann mehrentheils eine oder mehrere Pusteln in der Nachbarschaft. Es äußern sich nun die Erscheinungen des allgemeinen Erregungsfiebers an den Thieren, und bald brechen auch an andern Orten die Pocken aus. Zuweilen bleibt es indessen bei dem Lokalausbruche. Man hat bemerkt, daß je stärker die örtliche Erregung war, desto geringer das Leiden und der Ausbruch am übrigen Körper.

Brechen an dem ganzen Körper Pocken aus, so sind sie doch einzeln und haben dann einen regulären und gutartigen Lauf durch ihre Stadien. Selten entsteht Eiterungsfieber. In dem Zeitpunkte der Abtrocknung kommt aber die Impfungsstelle in neue Bewegung, und fängt an zu laufen. Dies erfordert bei der Impfung die meiste Aufmerksamkeit, indem sich die Stellen zuweilen entzünden und brandig werden, woran die Thiere sehr leiden, erlahmen oder gar sterben. Es scheint mir, als ob jene gewöhnlich gewählten, der Erhitzung und Reibung ausgesetzten Stellen hieran viel Schuld hätten, und als ob dieses Uebel an andern Stellen viel unbedeutender seyn würde.

Man behandelt die Thiere während der Krankheit, so wie ich es bei den natürlichen Pocken angegeben habe. Arzeneien sind nicht nöthig. Die aufrührisch gewordenen Impfstellen müssen aber mit einem starken Kamillenblumenaufguß, worin man etwas blauen Vitriol auflößt, oft ausgewaschen, und dann mit der Salbe aus Eygelb und Therpentin, der man etwas fein gepulverte Kohle zusetzt, bestrichen oder verbunden werden.

Die Materie ist am wirksamsten und sichersten, wenn man sie unmittelbar aus einem kranken Schaafe nehmen kann. Indessen kann man auch Materie von einem andern Orte, jedoch so frisch wie möglich, herkommen lassen, um die Krankheit zuerst hervorzubringen. Es ist dann am besten Faden damit zu beschwängern, und diese in ein wohl verschlossenes Glas zu thun. Man macht dann einigen Schaafen eine Ritze mit der Nadel und legt ein Endchen dieser Faden darauf, befestigt es mit einem Heftpflaster und läßt es 24 Stunden liegen. Von diesen so geimpften Schaafen nimmt man dann die Materie für die übrigen. Man kann diese aus der Impfstelle oder von den ausgebrochenen Blattern nehmen, sobald sich Eiter darin zeigt; nur nicht trocken gewordenen Eiter oder Schörfe, die fast immer bösartige Geschwüre machen.

Man kann Nothimpfung und Vorbauungsimpfung unterscheiden. Erstere wird vorgenommen, wenn sich die Krankheit in einer Heerde oder in der Nachbarschaft zeigt. Man muß in jedem Falle damit eilen, die Jahreszeit sey, welche sie wolle. Man darf dann hoffen, der natürlichen Ansteckung noch zuvor zu kommen. Allein man ist nicht sicher, daß dieses wirklich geschehe. Zwar schadet es nicht, wenn ein schon angestecktes Thier noch geimpft wird; aber die Wohlthat der Einimpfung erreicht man dann nicht, sondern die Krankheit bildet sich so, wie sie sich ohne Impfung würde gebildet haben. Vielleicht kann dennoch die Eiterung der Impfstelle, zumal an einem sich erhitzenden Orte, das Uebel vergrößern. Der Erfahrene wird es nach dem Uebereinstimmen des Zustandes der Impfstelle mit dem Ausbruch und dem Verlaufe der Krankheit leicht unterscheiden können, ob diese durch die Impfung oder durch vorhergegangene Ansteckung entstanden sey. Sobald die Impfung mit Sorgfalt geschehen ist, hat man von der Ansteckung nichts weiter zu besorgen; denn dieß ist ausgemacht, daß dieses Gift nur einmal einen Eindruck auf den ganzen Organismus mache.

Weit sicherer und wohlthätiger ist die Vorbauungsimpfung, wozu man die günstigste Jahreszeit und den günstigsten Zustand der Thiere auswählen könne. Es scheint nach allen Gründen am sichersten, entweder schon die Lämmer gegen den Herbst, wenn starke Hitze nicht mehr zu besorgen ist, oder die Jährlinge im Frühjahre zu impfen. Bei den Müttern würde wohl die Zeit vor der Begattung am sichersten seyn, und diese vielleicht etwas verspätet werden müssen, obwohl trächtige Schaafe die Impfungskrankheit auch sehr gut überstehen. Ein Lamm im Mutterleibe bekommt die Pocken wahrscheinlich nicht, ist wenigstens keinesweges dafür in seinem Leben gesichert, wenn sie die Mutter während der Trächtigkeit hätte.

Es wäre sehr zu wünschen, daß irgendwo ein beständiger Vorrath von Pockenmaterie unter der Aufsicht eines erfahrnen und gewissenhaften Mannes erhalten und fortgepflanzt würde, damit man jederzeit diese Vorbauungsimpfung vornehmen könne. Sie würde sich dann bei der Sorgfalt, welche man jetzt auf die Schäfereien verwendet, allgemein verbreiten, und so würde nach einiger Zeit diese Krankheit, die nie ohne Ansteckung entsteht, völlig ausgerottet werden. Jeder aber müßte gehalten seyn, es seinen sämmtlichen Nachbarn anzuzeigen, wenn er impfen will, noch mehr aber, wenn die natürlichen Pocken in seiner Heerde ausbrechen. Die Gefahr der Ansteckung in der Entfernung, ist bei den Pocken ungleich größer als bei der Räude.

Bei der großen Aehnlichkeit, welche die Schaafpocken fast in allen Stücken mit den menschlichen Pocken haben, machte man sich die, der Theorie nach, wohl begründete Hoffnung, daß die wohlthätigste Erfindung unseres Zeitalters, die Einimpfung der Kuhpocken, auch ein Schutzmittel für die Schaafpocken seyn würde, und daß man dadurch diese Krankheit — die bei der Inokulation zwar bei weiten seltener, aber doch zuweilen tödtlich werden kann — völlig entkräften und gefahrlos machen könne. Allein die genauesten darüber angestellten Versuche haben diese Erwartung völlig niedergeschlagen, und das bestimmte Resultat ergeben, daß die Kuhpockenmaterie zwar zuweilen eine Thätigkeit bei den Schaafen äußere, und eine Pustel hervorbringe, welche ziemlich die charakteristischen Merkmahle der Kuhpocken hat, daß aber auch in diesem Falle die Thiere keinesweges unempfänglich gegen ihre Pocken, es sey durch natürliche oder künstliche Ansteckung, werden. Ausführlich sind diese Versuche erzählt im November- und Decemberstück 1810 der Annalen des Ackerbaues.

§. 37.

Die Drehkrankheit,

welche man auch, wenn die Thiere den Kopf statt nach der Seite nach hinten überbeugen, das Segeln, und wenn sie ihn nach vorn herunterbeugen und dabei vorwärts laufen, das Treben nennt, ist durchaus keine ansteckende, aber in den meisten Fällen unheilbare und in verschiedenen Gegenden mehr oder minder häufig vorkommende Krankheit.

Von letzterem läßt sich bis jetzt kein Grund angeben.

Den ersten Anfang der Krankheit bemerkt man am unsichern und dummen Gange und Benehmen des Thiers; dann entfernt es sich mit einer widernatürlichen Haltung des Kopfs von der Heerde, entweder zur Seite oder indem es vorläuft oder zurückbleibt. Es fängt nun an sich immer nach einer Seite zu drehen, oder läuft vorwärts, stolpert, fällt nieder, steht wieder auf und stolpert abermahls, wobei es die Nase manchmal unter sich bekommt oder sie in die Höhe hebt. Endlich läßt sich's auch vom Hunde nicht mehr bei der Heerde halten, frißt wenig mehr, fällt um, wird ganz empfindungslos und stirbt.

Die Krankheit befällt in der Regel nur Lämmer und Jährlinge, selten ein Thier über zwei Jahr.

Den Sitz der Krankheit entdeckt man immer unverkennbar im Gehirne. Man findet daselbst an einer oder mehreren Stellen eine Wasserblase, und in derselben mehr oder weniger kleine Körnerchen, die nach der Versicherung aller glaubwürdiger Beobachter unter dem Mikroskop bestimmte Organisation, Leben und willkührliche Bewegung zeigen, und von den Naturforschern Taenia socialis genannt werden.

Ueber die Entstehung dieser Krankheit, und folglich über ihre Vorbauung weiß man bis jetzt nichts zuverläßiges. Einige schreiben sie dem Sonnenstiche, andere heftigen Stößen an dem Kopfe zu, aber ohne hinlänglichen Grund. Man hat geglaubt, sie dadurch vorbeugen zu können, daß man den jungen Thieren die Kopfwolle nicht abscheere, oder daß man ihnen die Stirn mit einem Pechpflaster bedecke; aber beides ist unwirksam befunden. Auf letzteres ist man durch die Meinung vom thierischen Ursprunge der Krankheit geleitet worden, indem man sich diesen nicht anders zu erklären wußte, als daß man annähme, das Insekt fresse sich durch den Schädel durch.

Die innere bewirkende Ursach des Uebels benimmt schon alle Hoffnung, durch Arzeneymittel etwas dagegen ausrichten zu können. Auch sind mancherlei vorgeschlagene Mittel unwirksam befunden worden.

Allein die Durchbohrung des Schädels und die Entleerung, oder selbst die Herausziehung der Wasserblase ist anwendbar befunden und zuweilen mit Erfolg vorgenommen worden. Es kommt nur darauf an, daß diese Blase an einer Stelle sitze, wo man sie ohne tödtliche Verletzung treffen kann, und daß man diese Stelle entdecke. Ich habe mehrere Köpfe drehender Schaafe, unter andern zwei mit dem scharfsinnigen Dr. Gall untersucht, und immer die Blasen so liegend gefunden, daß ihnen durchaus nicht beizukommen war, ohne das Thier augenblicklich zu tödten. Eins hatte sogar drei Blasen, die eine zwischen dem großen und kleinen Hirn, die zweite unter dem kleinen Hirn, und die dritte lag an der Seite auf dem großen Hirn. Letztere hätte man leicht und sicher treffen können, allein es war äußerlich am Schädel nichts zu bemerken, was ihre Lage verrieth, und auf allen Fall würde es dem Thiere nicht geholfen haben. Zuweilen aber kann nur eine Blase da seyn, und ihre Lage an der Seite sich dadurch, daß das Schaaf den Kopf immer nach dieser Seite hält, dann durch einige Auftreibung der Haut und durch Eindrückbarkeit des hier dünner gewordenen Schädels zu erkennen geben. Wenn das ist, so wird das Haar abgeschoren, und die Operation vorgenommen.

Man hat die Operation mit dem ordentlichen Trepan vorgenommen, die Blase dann liegen gesehen, und sie völlig herausgenommen. Aber der Patient ist fast immer bald nachher gestorben. Riem und Reuter haben zuerst einen Trockar mit einer Canüle und Saugsprütze empfohlen. Jener wird eingestoßen, herausgezogen, die Canüle aber darin gelassen, und nun mit der in letztere eingeschrobenen Sprütze nicht nur das Wasser langsam ausgesogen, sondern auch die dünne Haut der Blase hervorgezogen, gefaßt nnd heraus genommen. Herr Dr. Gericke hat sich des Trockars ohne Sprütze bedient, das Wasser bloß auslaufen lassen, und einige Tropfen Myrrhen-Essenz eingetröpfelt, der er eine besondere Wirkung beimißt.

Diese

Diese Operationen sind glücklicher abgelaufen, als die mit dem Trepan. Wenn aber die Operateurs die angegebene Zahl wirklich geheilet haben, so muß das Schicksal ihnen Kranke mit der günstigsten Lage der Blase zugeführt haben. Andere sind bei der Nachahmung beider Methoden nicht so glücklich gewesen.

Die Herren **Yvart** und **Rappolt** bedienen sich einer bloßen Pfrieme, die außer der Handhabe 15 Linien lang, oben wie ein Gänsekiel stark ist, und unten spitz, doch nicht gar zu scharf zuläuft. Das Instrument wird, ohne die Haut wegzunehmen, die man denn aber auf dem Schädel nicht verschieben darf, eingestoßen, 6 bis 8 Linien tief, ohne große Gewalt anzuwenden. Dann zieht man das Instrument schnell zurück, und so folgt die Blase noch voll oder ausgeleert gewöhnlich nach. Zuweilen kommt bloßes Wasser, und dieses läßt man, indem man den Kopf zur Seite legt, auslaufen; welches schon hinlänglich geschienen hat. Zeigt sich nichts, so sticht man die Pfrieme sanft wieder ein, und sucht sie etwas seitwärts zu drehen, um die verfehlte Blase zu treffen. Gelingt das nicht, so macht man einen Stich an einem andern Orte. Mehrere solcher feineren Stiche sind keinesweges gefährlich, und heilen mit einem Pechpflaster bedeckt, sehr leicht. Nur versteht sichs, daß man nicht in die Mitte des Schädels hineinsteche, weil man hier die großen Blutgefäße treffen würde. Wer sie machen will, suche sich überhaupt zuvor einen Begriff von der Lage des Gehirns im Schädel an einem Schaafskopfe zu verschaffen. Man empfiehlt bloß eine trockne Witterung dabei wahrzunehmen, und die Thiere trocken zu halten. Den Gebrauch der Spritze hält man in Frankreich wegen der Bewegung des Gehirns für gefährlich. Bei gehörnten Böcken ist die Operatron selten zu machen.

So ist man also zu derjenigen Methode zurück gekommen, die manche Schäfer kannten und anwandten, ehe vom Trepaniren und Trockarieren die Rede war, und ehe man von der Natur der Krankheit einen klaren Begriff hatte. Sie bedienten sich einer solchen Pfrime oder eines dünnen Messers, wenn sie eine Stelle des Schädels nachgebend fanden.

Daß die Operation gelinge, zuweilen gründlich, zuweilen nur auf kurze Zeit helfe, leidet keinen Zweifel. Wenn man auch nur das fünfte

Stück dadurch rettet, so verlohnt sie sich schon der Mühe, da sonst alle gewiß verlohren sind.

Uebrigens ist dieses Uebel und das innere Insekt, welches man als die Ursach desselben annimmt, mit einem andern Uebel, welches sehr deutlich von einem von außen in die Nase des Thieres gekommenen Wurm herrührt, verwechselt worden. Er ist die Larve einer Fliege (Oestrus ovis) die ihr Ey in die Nasenlöcher so wie in die Scheide legt. Der Wurm zieht sich in die Nasenhöhle herauf, quält das Thier, und verursacht, daß es sich zuweilen so gebehrdet, als ob es wirklich die Drehkrankheit habe. Zuweilen gelingt es den Schaafen sie hinaus zu schnauben. Man hat empfohlen, den Schaafen Schwefeldampf einziehen zu lassen, um den Wurm zu tödten. Ich sehe nicht wie das möglich ist, ohne das Thier zu ersticken. Oehligte Einspritzungen scheinen mir das wirksamste Mittel zu seyn, welches an diesem Theile anzubringen ist.

§. 38.

Das Aufblähen.

Wenn die Schaafe, so wie andere Thiere, besonders die wiederkauenden, mehr fressen, als sie verdauen können — welches immer relativ nach ihren Verdauungskräften ist — so geht das Futter im Magen in Gährung über, entwickelt vieles Gas, welches den Magen ausdehnt, seine Schließmuskeln zugleich reizt, zusammenschnürt und den Ausgang sich selbst verschließt Die Ausdehnung der Panze wird gewaltig, die Brust beengt, die Respiration und der Umlauf des Bluts unterdrückt, und das Thier oft plötzlich getödtet. Es kann von jedem Futter erfolgen, am leichtesten aber bei dem, welches die Thiere am liebsten fressen, zumal wenn es ihnen selten geboten wird, deshalb vom grünen jungen Klee und Luzerne, wenn sie solchen ungewohnt im Ueberfluß erhalten. Daß der grüne Klee den daran gewöhnten Schaafen nicht schade, davon habe ich mich an ein Paar Hofhammeln überzeugt, die im Pferde und Kuhstall frei aus- und eingingen, und eine gewaltige Menge Klee nach Belieben fraßen. Das vom Thau nasse junge Grün soll besonders diesen Zufall bewirken.

Das Uebel ist wegen seiner plötzlichen Entstehung, dem starken Auftreiben des Bauches, dem schweren Athem, dem Schnappen nach Luft, der Hinfälligkeit des Thieres nicht zu verkennen.

Um die Schaafe dafür zu bewahren, muß man sie auf einer ungewöhnlich angenehmen Weide, oder von solchem Futter nicht viel auf einmal fressen lassen, und sie auf jener in beständiger Bewegung erhalten. Vom jungen Hederich, der auf der Brache aufgeschlagen ist, sollen sie das Uebel, zümal wenn er naß ist, am leichtesten sich zuziehen.

Wenn der Schäfer es früh genug an einem Thiere bemerkt, so ist ein tüchtiges Reiben des Rückens und Bauches und Herumtreiben oft zureichend. Am sichersten ist es, ihnen zuvor gleich Kalkwasser einzugeben. Man brennt zu dem Ende Kalk stark aus, zerstößt ihn, wenn er noch heiß ist, zu Pulver, thut ihn in Gläser, und verpicht diese so, daß der Luft aller Zutritt abgeschnitten sey. Aus diesem kohlensäure-freiem Kalke kann man gleich Kalkwasser machen, wenn man dessen bedarf. Man nimmt etliche Theelöffel voll davon, thut sie in eine Quartbouteille, übergießt es mit Wasser, — hat man abgekochtes zur Hand, so ist das besser — schüttelt es um, läßt den Kalk sich etwas setzen, und gießt den Thieren einen Theil davon sogleich, einen andern Theil nach einer halben Stunde ein, wobei man mit dem Reiben und

Umhertreiben fortfährt. Vorsichtige Schäfer führen, nachdem sie das Mittel kennen lernten, ein Glas mit Kalk immer bei sich.

Sind die Zufälle so heftig, daß keine Zeit zu verlieren ist, so muß man mit einem Messer oder noch besser mit einem mit der Scheide versehenen Trokar in die Panze hineinstoßen, eine Operation, die bei dem Rindvieh ziemlich bekannt ist, dem damit Unbekannten aber nicht wohl beschrieben, desto leichter gezeigt werden kann.

Thiere, die das Uebel schon einmal gehabt haben, muß man desto sorgfältiger in Acht nehmen. Solche aber, die es mehrere Male bekommen, muß man abschaffen, weil es eine Schwäche der Verdauungswerkzeuge bei ihnen anzeigt.

§. 39.

Das Blut, Stickblut, Rückblut.

Dieses kommt dem Milzbrande des Rindviehes gleich, und wird auch von manchen so genannt.

Die Krankheit befällt plötzlich und tödtet schnell. Das Thier ist betäubt, kann sich kaum aufrecht erhalten, stemmt die Beine von einander, schäumt, giebt Blut von sich, fällt um, schlägt mit den Flanken, und stirbt oft in kürzerer Zeit als in einer Stunde.

Die Krankheit ist nicht ansteckend, aber in heißen trocknen Sommern bricht sie epidemisch aus, und es sterben oft viele daran; besonders an heißen Gewittertagen.

Der Verlauf ist viel zu schnell um Hülfe zuzulassen. Allein wenn sich die Krankheit in der Gegend zeigt, ist die möglichste Vorsicht, die Thiere nicht von außen oder von innen zu erhitzen, anzuwenden. Sie müssen bei der stärksten Tageshitze im Schatten oder in luftigen Ställen erhalten werden. Man muß sie langsam treiben und ja nicht durch den Hund jagen lassen. Man muß sie zum Sauffen aus frischem Wasser häufig anreizen, und sie jetzt um so weniger dursten lassen. Dagegen muß man sie um so sorgfältiger von beschlammt gewesenen Stellen abhalten, da sie bei dürrer Weide sehr gern darauf gehen. Die Krankheit zeigt sich am häufigsten nach der Ernte, wo die Schaafe auf die Stoppel gehen, und an den abgefallenen Aehren und Körnern ein vielleicht zu kräftiges und das Blut erhitzendes Futter haben.

Man darf ihnen dieß, wenn die Krankheit sich äußert, nicht zugestehen.

Die Spanier und Franzosen empfehlen beim Ausbruch der Krankheit, alle kräftige Thiere, die rothe Augen, Mäuler und Haut haben, zur Ader zu lassen. Es geschiehet an der Backe, unter dem Auge in der Gegend des vierten Backenzahns, wo die Ader am deutlichsten liegt. Bei schwachen, blassen Thieren darf man den Aderlaß aber nicht vornehmen, auch werden diese mit dieser Krankheit nicht befallen.

Endlich wird das tägliche Baden oder das Durchtreiben durch Wasser zur Vorbeugung der Krankheit, in heißen Tagen, sehr empfohlen, und ist ohne Zweifel von guter Wirkung. Es kann seyn, daß sich die Schaafe wie das Rindvieh bei warmer Witterung gern daran gewöhnen.

Auch räth man den Schaafen Sauerampfer fressen zu lassen, und statt des Salzes Salpeter zu geben, der aber, besonders jetzt, zu kostbar ist.

§. 40.

Der Durchfall.

Die Schaafe bekommen ihn zuweilen auf der ersten grünen Weide, wo er sich aber von selbst bald wieder verliert. Ein gefährlicherer Durchfall soll nach starkem Honigthau entstehen. Auch können sie ihn im Winter von verdorbenem Heu bekommen. Zuweilen hat man Salz so übermäßig gegeben, daß es Durchfall erregte und schwächte. Man muß auf die Ursach Rücksicht nehmen, solche entfernen, und ein gesundes Futter um so mehr reichen.

Die Lämmer können vom Ueberfluß der Milch Durchfall bekommen. Geröstetes Mehl, geröstete Linsen, Eicheln, Kastanien den Müttern gegeben, wird dagegen empfohlen.

Zuweilen hat man epidemische, ruhrartige tödtliche Durchfälle bei den Schaafen beobachtet.

§. 41.

Die Waldkrankheit

hat man bemerkt, wenn die Schaafe im Frühjahre, besonders im Eichenholze viel junge Knospen fressen. Sie bekommen Hitze, Durst, Verstopfung, oder sehr verhärtete Exkremente, hören auf zu wiederkäuen. Die Krankheit ist von längerer Dauer bis 3 Wochen, und scheint entzündlicher Art zu seyn. Man hat deshalb den Aderlaß dagegen empfohlen. Das sicherste Mittel ist, sie im

Frühjahre nicht in's Holz zu treiben, wodurch man zugleich der unverzeihlichen Verwüstung der jungen Triebe zuvorkommt.

§. 42.

Das Blutharnen

scheint oft vom Genusse scharfer Pflanzen herzurühren: des Ranunkels, der Anemone, des Schierlings, der Zeitlose u. s. w. Manchmal hat man es auch von plötzlichen Erkältungen ableiten zu müssen geglaubt, von kalten Nächten nach heißen Tagen, wenn die Heerde draußen blieb. Es ist gewöhnlich mit Fieber verbunden, und dieses ist entzündlicher Art. So lange Reiz da ist, bediene man sich schleimiger milder Getränke, besonders aus Oelkuchen oder Leinsaamen, mit etwas Salpeter, oder säuerlich gemacht mit Vitriolöl. Zieht es sich in die Länge, so ist Alaun zu 10 Gran täglich dreimal gegeben, wohl das zuverläßigste Mittel.

§. 43.

Das Lahmen der Lämmer

wird theils auf Erkältung geschoben, die allerdings üblen Einfluß auf sie haben kann, wenn sie an die starke Hitze des Stalles gewöhnt, nun in einen scharfen Zugwind kommen, — theils auf einen Ueberfluß von Milch, wenn man den Müttern starkes Futter auf einmal reicht. Auch das Wohlthätigste kann bei Ungewohnheit schädlich werden. Die Schäfer haben die Gewohnheit, ihnen einen Schnitt im Fuße zu machen, wobei eine kleine Blutung erfolgt. Ein am Fuße angesetzter ter Blutigel würde ohne Zweifel wirksamer und sicherer seyn. Vorzügliche Lämmer wäscht man mit Branntweinsspühligt oder Vorsprung; da sie oft steife Beine danach behalten.

§. 44.

Das Teigmahl oder schwarze Maul

der Lämmer ist ein Ausschlag, den sie um Nase und Maul bekommen. Eine Salbe aus Schießpulver und Oel ist ein sehr zweckmäßiges Mittel.

§. 45.

Die Schwämmchen oder der Fasch

der Lämmer ist ein dieser Kinderkrankheit sehr ähnliches Uebel. Kleine Bläschen, womit die inneren Theile des Mauls besetzt sind, und die sich bis in den Schlund, vielleicht bis in den Magen herunter ziehen. Der Ausschlag hindert sie am Saugen, und sie sterben oft daran. Man löset 2 Quentchen weißen Vitriol in 1 Quentchen Wasser auf, thut Honig hinzu, und bestreicht mittelst eines leinenen Pinsels das Maul damit. Man muß ihnen, damit sie nicht verhungern, die Milch zuweilen ins Maul melken.

§. 46.

Die Milchknoten, Euterverhärtungen,

der Mütter werden, bevor sich Eiter erzeugt hat, durch Einreiben braungebratener Butter oder der gewöhnlichen flüchtigen Salbe zuweilen aufgelöst, wobei man sie sanft aber anhaltend ausmelkt. Hat sich aber Eiter erzeugt, so muß er durch einen Einschnitt ausgelassen werden, worauf die Wunde mit der Therpentin-Salbe verbunden wird.

Es giebt noch mehrere besondere Krankheiten der Schaafe, die in verschiedenen Gegenden mit verschiedenen Namen belegt werden, deren charakteristische Erscheinungen aber noch nicht bestimmt genug sind, und deren Natur noch weniger erforscht ist, da sie die Aufmerksamkeit wahrer Aerzte bis jetzt nicht auf sich zogen. Nur jene größere und häufigere Krankheiten sind so beobachtet, daß sich etwas bestimmtes über ihre Natur und Heilung sagen läßt. Manche Krankheiten, die in wärmeren Gegenden die Schaafe befallen, kommen bei uns bis jetzt nicht vor.

Wir haben seit einem halben Jahrhundert bewundernswürdige Fortschritte in der Kenntniß und Kur dieser Krankheiten gemacht und große Vortheile erlangt, indem wir jetzt die häufigsten und tödtlichsten zu entfernen oder unschädlich zu machen wissen, und jetzt nicht alle 6 oder 8 Jahr auf ein völliges Aussterben der Schaafheerden, wie vormals, zu rechnen, und diesen Verlust von dem Ertrage derselben abzuziehen brauchen. Bei einer mit aller Aufmerksamkeit behandelten Heerde muß die Sterblichkeit jetzt sehr geringe seyn.

Wenn der so oft gethanene Vorschlag zur Errichtung von Schäferschulen vollständiger und häufiger wie bisher geschehen ist, ausgeführt würde, so könnte sich die wirkliche Sterblichkeit noch sehr vermindern. Da den Schäfern, um sie gegen Vorurtheile und Aberglauben zu sichern, doch einige Kenntniß vom thierischen Organismus, welches in der That so schwer nicht ist, ohnehin beigebracht werden müßte, so könnten sie überhaupt in der Thierarzneikunst zur Nothdurft unterrichtet werden, und dann in ihrer Gegend Thierärzte abgeben, die wenigstens besser wären, als diejenigen, welche sich jetzt dafür ausgeben. Das Gewerbe eines Thierarztes kann mit dem eines Schaafmeisters sehr gut verbunden werden, um so mehr, da das Landvolk zu den Schäfern in diesem Stücke ohnehin schon großes Zutrauen hat. Gründlich unterrichtete Thierärzte kann das Land jetzt nicht bezahlen.

Intelligenzblatt.

Inhalts-Anzeige vom zwölften Bande (oder des 6ten Jahrgangs 1810, 7tes bis 12tes Heft) der Annalen des Ackerbaues, von Albr. Thaer.

Ueber die Verheerungen der Kienraupen, und die zweckmäßigste Benutzung sandiger Flächen in der Mark. — Ueber Stallfütterung, besonders Hordenfütterung der Schaafe. Von Eggeling. — Die Landwirthschaft in der untern Werra-Gegend. Von Kulenkamp. — Fortsetzung eines Briefwechsels über agrarische Legislatur: (1. Schreiben von F. 2. Schreiben an die Stände der Kurmark.) — Ankündigung einer Schrift: Oekonomisches Handbuch für den Landmann rc. (Dies Buch erscheint zu Ostern in der Verlagshandlung der Annalen.) — Nachricht von der Veränderung des Mögelinschen Unterrichts-Instituts und dessen Verbindung mit der Universität in Berlin. Vom Herausgeber. — Ueber Molkerei-Verpachtung. Von v. Treskow. — Landwirthschaftliche Reisen und Bemerkungen über Schleßwig. Von Rixen. — Landwirthschaftlicher Bericht aus Schlesien. — Bemerkungen über das Verhältniß zwischen Dominiis und Dreschgärtnern. — Gedanken über mehrere Naturerscheinungen beim Ackerbau.

Von v. Knobloch. — Anzeige des Tessierschen Werkes: über die Schaafzucht. Vom Herzog von Holstein-Beck. — Bericht der Pommerschen Regierung über den merkwürdigen Unterschied im Zustande der freien und der pflichtigen Bauerhöfe. — Ueber die Thäler Chamouny und Unter-Wallis, und den St. Bernhard. Von Witte. Gedanken über Gemeinheitstheilung. — Zusammenstellung der in Dänemark und Frankreich gemachten Versuche, um zu bestimmen, wie viel Mehl und Brod eine gewisse Quantität Getreide geben. — Ueber die Eintheilung des Ackers, die gewöhnliche Wirthschaftsmethode und Saatfolge auf Seeland und Möen. — Beschreibung und Abbildung des Brabanter Pfluges. Von Witte. — Agronomische Reisebemerkungen über die Mittelmark, Uckermark, Pommern und Mecklenburg-Strelitz. Von Crome. — Ueber den Verkauf der Domainen in den Königl. Preuß. Staaten. Vom Herausgeber. — Ueber die von der Société d'Agriculture zu Paris veranstaltete Einimpfung der Schaafe mit ihren natürlichen und mit Kuhpocken, nach dem Berichte der Kommission. Von Voisin.

Der Preis aller sechs Jahrgänge der Annalen ist bis Ende Aprils auf 25 Rthlr., und ein einzelner Jahrgang auf 5 Rthlr. klingend Courant herabgesetzt.

FSC
www.fsc.org
MIX
Papier | Fördert
gute Waldnutzung
FSC® C083411

Zeitfracht Medien GmbH
Ferdinand-Jühlke-Straße 7
99095 Erfurt, Deutschland
produktsicherheit@kolibri360.de